DOCTEUR CHARLES POUTET

LA
Franklinisation Hertzienne

LYON
H. GEORG, LIBRAIRE-EDITEUR
Passage de l'Hôtel-Dieu.

1902

Docteur Charles POUTET

LA Franklinisation Hertzienne

LYON
H. GEORG, LIBRAIRE-EDITEUR
Passage de l'Hôtel-Dieu.

1902

À LA MÉMOIRE DE MA MÈRE

À MON PÈRE

Témoignage de reconnaissance et de profonde affection.

A M. LE PROFESSEUR TEISSIER

Membre correspondant de l'Académie de médecine.
Professeur de pathologie interne à la Faculté
Médecin honoraire des hôpitaux de Lyon
Chevalier de la Légion d'honneur.

A M. LE PROFESSEUR AGRÉGÉ BORDIER

INTRODUCTION

Aujourd'hui qu'on commence à ne plus nier de parti pris « la formidable action modificatrice que l'électricité exerce sur l'organisme », il y a peut-être quelque intérêt à attirer l'attention sur une modalité électrique particulièrement puissante : « la Franklinisation hertzienne ». Cette expression (qui sert de titre à notre travail) est encore toute nouvelle et n'a guère plus d'un an d'existence ; et cependant le mode d'électrisation auquel elle s'applique est employé depuis vingt ans. Nous croyons pouvoir dire quand même que le sujet est tout nouveau, puisqu'il est bien peu connu des médecins électriciens, et « à peu près ignoré de ceux qui ne sont pas spécialement versés dans l'étude de l'électricité médicale ».

Courant de Morton, courant statique induit, courant des bouteilles de Leyde, etc., ne sont que des noms différents donnés à une même chose. Une pareille confusion n'existerait peut-être pas si l'on s'était occupé de mieux connaître, au point de vue physique, les propriétés de l'énergie électrique employée. On aurait pu reconnaître que cette énergie électrique est analogue à celle que l'on met en usage dans la télégraphie sans fil.

Montrer cette analogie sera l'objet de notre premier chapitre.

Connaissant les propriétés physiques de la franklinisation hertzienne, nous étudierons ses propriétés physiologiques et son action thérapeutique.

Tel sera le plan de ce travail. L'idée première en revient à M. le professeur agrégé Bordier. Il nous a communiqué les observations et les expériences inédites qui font tout l'intérêt de cette thèse ; qu'il reçoive ici nos sincères remerciements pour ses savants conseils et pour la bienveillance avec laquelle il nous a toujours accueilli.

M. le professeur Teissier a bien voulu accepter la présidence de cette thèse, et, un instant, quitter pour nous ses études favorites, nous tenons à lui adresser l'expression de notre très respectueuse gratitude.

C. P.

CHAPITRE PREMIER

I. — Historique

Les premières applications de l'électricité remontent aux âges légendaires. Hippocrate et Galien racontent qu'on mettait les rhumatisants et les apoplectiques dans des piscines où nageaient des poissons électriques.

Pline le jeune donne comme une vieille coutume l'usage répandu parmi les négresses d'Afrique de baigner leurs enfants dans des mares où pullulaient gymnotes et torpilles. En Abyssinie, on plongeait dans ces mêmes bains les personnes atteintes de convulsions. On conseillait même à certains malades de laisser leurs pieds en contact avec le poisson électrique, jusqu'à ce qu'il se produise un engourdissement complet. Et bien avant cette époque, on faisait usage de ces colliers d'ambre qui n'ont rien perdu de leurs vertus secrètes auprès des bonnes femmes de nos campagnes.

C'est à un point de vue purement historique que nous rappelons ces faits. « Une longue période de siècles s'est encore écoulée avant que les hommes aient pu reconnaitre la nature de l'énergie spéciale qu'un poisson électrique peut faire naître, avant qu'ils aient pu reproduire artificiellement cette énergie par des moyens fort simples. »

Les vieilles machines électriques, qui fonctionnaient par le frottement des mains sur une sphère de soufre, étaient à peine inventées, qu'on pensait à les utiliser en médecine. Déjà, en effet, en 1743, Krüger émettait l'avis que cette électrisation pourrait bien avoir des applications médicales, et il faisait de l'électricité un agent thérapeutique.

Depuis cette époque jusqu'à nos jours, l'électro-thérapie a suivi, pas à pas, les progrès de la science électrique.

En 1746, Muschenbroek découvre le condensateur, qu'on nomme aujourd'hui bouteille de Leyde ; on avait ainsi un moyen d'obtenir de fortes secousses. A peine deux ans plus tard, Jallabert, de Genève, découvrait qu'on peut produire la contraction d'un muscle par le moyen de l'électricité ; et il faisait paraître un traité d'électricité médicale où il indiquait plusieurs cas de paralysies guéries par des secousses.

Les applications thérapeutiques de l'électricité deviennent de plus en plus nombreuses, un grand nombre d'ouvrages sont publiés (Nebel, de Haën, Brydone, l'abbé Berthelon, Sauvages, Sans), mais on est en pleine période empirique, les insuccès sont fréquents et les accidents ne sont pas rares.

Cependant malgré tout, ce nouveau mode de traitement se répand rapidement et jouit d'une grande faveur. Benjamin Franklin, pour avoir étudié, après la découverte de de Romas, de Nérac, l'électricité athmosphérique, voit venir à lui, de tous les pays, des gens qui lui demandent la guérison de toutes sortes de maux.

Cet engouement ne manqua pas d'être exploité par une foule de personnes qui n'avaient aucune idée de la médecine.

« Prêtres, sacristains, pharmaciens, baigneurs, maîtres d'école n'eurent que la peine d'acquérir une machine électrique pour devenir électro-thérapeutes. »

Cependant ou milieu de ce désordre quelques savants travaillaient : Mauduyt faisait connaître l'action de ce nouvel agent thérapeutique et donnait dans plusieurs mémoires les résultats de ses recherches.

Citons encore les ouvrages de Cavallo, l'abbé Sans, de Saint-Lazare.

Tous ces travaux n'empêchèrent pas l'électrisation par les machines à frottement d'être complètement délaissée quand Galvani et Volta eurent fait connaître leurs découvertes.

C'est que ce nouvel agent thérapeutique, entièrement tombé aux mains des charlatans et des empiriques, n'avait pas tardé à voir sa vogue ancienne faire place au plus grand discrédit. Les médecins appliquèrent aussitôt les courants continus, découverts par Volta, à la thérapeutique, et en obtinrent des résultats brillants.

Nous arrivons ainsi au commencement du XIXe siècle ; la science électrique ayant fait de réels progrès, l'électrothérapie entre franchement dans la voie scientifique. Alors apparaissent l'électro-puncture et la galvano-puncture, et l'électricité est employée en chirurgie pour la cure des anévrismes.

En 1832, Faraday découvre l'induction, et tout de suite les courants induits sont introduits en médecine. Duchenne de Boulogne fit de ces courants induits une application méthodique et vraiment scientifique; il en obtint de tels succès, que ces courants furent presque les seuls employés pendant près d'un demi-siècle.

L'électricité statique fut dès lors complètement oubliée. A peine publie-t-on de temps en temps quelques rares ouvrages (Schwanda, Fuber, Arthuis). Ce n'est qu'en 1878 qu'on revint à cet ancien mode d'électrisation sous l'impulsion donnée par Vigouroux, le collaborateur de Charcot. Depuis les travaux se sont accumulés et il n'est pas de modalité électrique que les médecins n'aient employée.

Courants des machines magnétiques, des dynamos, courants sinusoïdaux, courants de haute fréquence, et enfin courants de haute fréquence et de haute intensité.

On voit dans ce rapide historique que trois modes d'électrisation ont été successivement employés.

a) On ne connaissait d'abord que les machines électriques à frottement. Ces machines produisent de l'électricité à haute tension mais en faible quantité. On les a appelées plus tard machines statiques, produisant de l'électricité statique.

b) Galvani fit connaître ensuite des appareils dans lesquels l'électricité se propage sous forme de courants. On appliqua ces courants en médecine. Ce fut la « galvanisation ».

c) Faraday ayant découvert les phénomènes d'influence, on put construire des appareils où l'énergie électrique agissait sous la forme nouvelle de « courant induit ».

Ce troisième mode d'électrisation fut appelé « la faradisation ».

Nous ne nous occuperons dans ce travail que d'électricité statique, ainsi appelée parce qu'elle est produite par des machines où l'énergie électrique ne se propage pas sous forme de courant.

Si nous ajoutons que Franklin a passé de longues années à étudier l'électricité statique, et a fait avec elle des expériences justement restées célèbres, on ne sera pas étonné que l'application *de cette électricité statique* à la thérapeutique porte le nom de franklinisation.

Le lecteur peut, dès maintenant comprendre à moitié le titre de ce travail « Franklinisation ». Un long chapitre est encore nécessaire pour achever de l'éclairer, chapitre peut-être un peu aride, mais absolument indispensable, non pas seulement pour définir ce que nous appelons, avec M. le professeur agrégé Bordier, la « franklinisation hertzienne », mais indispensable encore pour comprendre ce qui se passe quand on applique à un malade ce nouveau mode d'électrisation, déjà depuis vingt ans usité en Amérique, et que nous nous proposons d'étudier.

II. — La bouteille de Leyde. — Le champ Hertzien

Pour définir la franklinisation hertzienne, on pourrait se contenter de décrire le dispositif suivant : « On prend une machine statique à plateaux, d'un modèle quelconque, mais fournissant de belles étincelles (voir fig. 1). Cette machine a un collecteur positif *A* et un collecteur négatif *B*. On suspend à chacun de ces collecteurs une bouteille de Leyde. On fait communiquer l'armature externe de l'une de ces bouteilles avec le sol ; on relie l'armature externe de l'autre bouteille avec une électrode

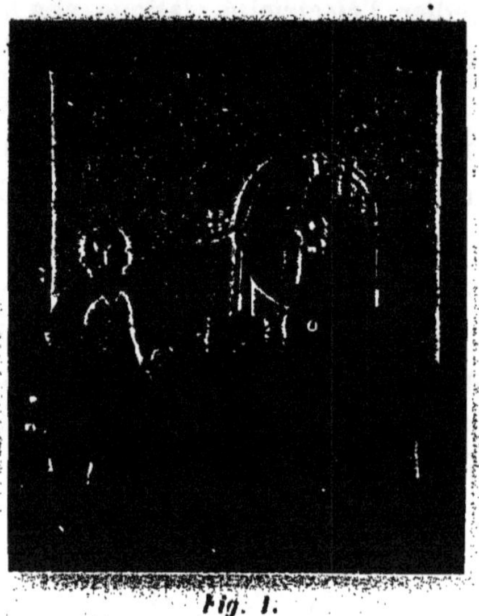

Fig. 1.

ordinaire ou avec un excitateur à boule porté par un manche isolant. On utilise le courant qui arrive à l'électrode ou à la boule métallique lorsqu'une série d'étincelles ininterrompue éclate entre les deux pôles de la machine. On fait alors de la « franklinisation hertzienne ».

L'expérience et la théorie montrent qu'un pareil dispositif donne naissance à une forme spéciale de l'énergie électrique, bien étudiée ces dernières années, et de tous points analogue à l'énergie électrique de la télégraphie sans fil. Mais pour montrer cette analogie, il nous faut dire ce que c'est qu'un champ hertzien. Une définition brutale serait bien mal comprise par un lecteur peu au courant des dernières acquisitions de la physique moderne. Pour être clair, prenons les choses de plus haut : remontons à la bouteille de Leyde.

On sait comment est disposé cet appareil : un vase de verre en forme de bouteille renferme à l'intérieur du papier d'étain, ce papier communique avec une tige métallique recourbée en crochet qui forme l'armature interne ; à l'extérieur une enveloppe de papier d'étain forme l'armature externe. Si l'on fait communiquer l'armature interne avec une source d'électricité et l'armature externe avec le sol, une grande quantité d'électricité s'accumule dans l'appareil. La bouteille de Leyde se charge. Que l'on réunisse ensuite les deux armatures par un fil conducteur, on produira la décharge du condensateur. Or, Feddersen a démontré le premier que, dans certaines conditions (que nous dirons plus loin), cette décharge n'est pas un phénomène instantané, mais qu'elle est « oscillante ».

Il observait, au moyen d'un miroir tournant, l'étincelle produite par la décharge d'une bouteille de Leyde.

Il est clair que, devant un miroir tournant, une décharge continue doit donner pour image un véritable trait de feu ; au contraire une décharge qui ne se fait pas d'un seul coup, mais qui est intermittente ou alternative, aura pour image une série de *traits* lumineux séparés les uns des autres. — Or, Feddersen, qui photographiait l'image produite par réflexion dans son miroir tournant, obtint des clichés d'un aspect tout particulier : c'était une série de points lumineux et obscurs; mais ces points n'étaient pas régulièrement alternés comme ils auraient dû l'être si le phénomène avait été simplement intermittent (c'est-à-dire si l'étincelle s'était composée d'une série d'étincelles élémentaires extrêmement nombreuses et rapprochées). Il y avait dans l'alternance des points éclairés et obscurs une particularité qui s'expliquait par la remarque suivante : l'extrémité positive d'une étincelle est bien plus lumineuse que son extrémité négative. L'image d'une étincelle simple sera donc composée d'un point brillant, image de son extrémité positive, et d'un point sombre, répondant à son extrémité négative. Or, sur les photographies de Feddersen, l'arrangement des parties sombres et claires était tel qu'il put en conclure que la même extrémité de l'étincelle était alternativement positive et négative; et cela, un nombre de fois considérable, pendant la petite fraction de seconde que peut durer l'étincelle d'une bouteille de Leyde. Un premier fait est acquis : une même armature de la bouteille est alternativement positive et négative quelques millions de fois pendant la durée d'une étincelle.

Cela posé, pendant qu'elle existe, on peut considérer cette étincelle comme un véritable corps conducteur réunissant les deux pôles entre lesquels elle jaillit; et pendant sa courte existence, ce corps conducteur (immatériel) est le siège d'un courant. Mais on voit tout de suite la particularité de ce courant : puisque les deux pôles entre lesquels il prend naissance sont alternativement positif et négatif, c'est que notre courant change de sens aussi souvent que les pôles changent de nom, c'est-à-dire quelques centaines de millions de fois par seconde.

Tout se passe comme si l'électricité, matérialisée en un fluide réel, allait oscillant d'une armature à l'autre, pareille à un véritable pendule qui ferait en une seconde un nombre prodigieux d'oscillations.

Nous pouvons donc produire des oscillations électriques, mais seulement pendant un temps très court : la durée d'une étincelle.

Rechargeons notre bouteille avec assez de rapidité pour que la suite des étincelles soit ininterrompue, et nous pourrons produire une série continue d'oscillations électriques. Le problème était difficile; Hertz l'a résolu et a, le premier, fait connaître les propriétés remarquables de ces oscillations.

Quelques comparaisons nous aideront à les comprendre. Le pendule va d'abord nous servir, et nous montrer « le pourquoi » de l'existence de ces oscillations électriques que nous venons de connaître mais que nous n'avons fait que constater.

Déplaçons un pendule de sa position verticale, il reviendra de lui-même à sa position d'équilibre, mais il ne s'y arrêtera pas ; en vertu de la vitesse acquise, grâce à son inertie, il dépassera la verticale. *Or, les forces électriques ont aussi leur inertie.* Et ici ouvrons une parenthèse pour dire rapidement ce que peut bien être cette inertie électrique. On sait que toute variation dans l'état d'un courant (changement d'intensité, ouverture, fermeture) produit des forces electriques, dites d'induction, dans tout conducteur voisin. Mais ces forces électro-motrices qui prennent naissance à toute variation dans l'état d'un courant se produisent aussi dans le fil même que parcourt le courant. Pour s'expliquer la chose, il suffit de considérer le fil parcouru par le courant comme formé d'une infinité de tranches très minces; et alors toute variation dans une tranche, produit un courant induit dans la tranche voisine. Ainsi se trouve expliqué ce fait : un courant passe dans un fil; si un changement se produit dans l'état de ce courant, il y a, dans ce fil même, production de forces électro-motrices nouvelles.

Or, ces forces d'induction, qui prennent naissance à toute variation dans l'état d'un courant, ont pour caractéristique *de lutter contre la variation qui leur donne naissance* (loi de Lenz). Il semble que ces forces d'induction soient produites pour s'opposer au changement qui les fait naître ; elles tendent à rétablir l'équilibre qui vient d'être détruit, à remettre les choses en leur état primitif. Ainsi, si un courant va décroissant, des forces électro-motrices prendront naissance qui tendront à le renforcer ; si, au contraire, le courant vient à croître, les forces d'induction produites tendront à diminuer son intensité. C'est ce qu'on nomme la Self-Induction.

Il semble que, pour mettre l'électricité en mouvement, on ait à surmonter une résistance, et qu'une fois le mouvement commencé, il tende à se continuer de lui-même. On voit qu'il y a bien là quelque chose d'analogue à l'inertie.

Les oscillations électriques sont donc, à leur origine, un phénomène d'inertie, tout comme les oscillations du pendule ; ce sont là deux phénomènes absolument comparables. On peut même aller plus loin. Le courant qui prend naissance à la décharge d'une bouteille de Leyde change de sens avec une extrême fréquence (c'est un courant de haute fréquence). Or, il y a là une sorte de mouvement vibratoire, un mouvement périodique (qui se reproduit identique à lui-même à intervalles de temps égaux). Et cette notion de mouvement vibratoire n'est pas une vue de l'esprit, c'est quelque chose de très réel; une nouvelle comparaison va tout de suite nous le montrer.

Prenons un diapason. Écartons ses branches de leur position d'équilibre, leur élasticité tendra à les ramener à leur position première, le diapason vibrera, c'est un phénomène connu. Mais, par suite des frottements qui se produisent, ces vibrations diminueront graduellement. De même les oscillations électriques vont diminuant d'intensité, car la résistance électrique est analogue au frottement. Et tout à fait au commencement du phénomène, le courant atteint une certaine intensité, puis il change de sens ; à la période suivante il est un peu plus faible, il change encore de sens et diminue encore, et ainsi de suite, avec une extravagante rapidité, jusqu'à ce que le courant, ayant changé de sens quelques millions de fois, et diminué chaque fois d'intensité, soit enfin devenu nul, le tout dans un intervalle de temps qu'on imagine à peine : quelques centièmes de seconde.

On peut représenter graphiquement ce qui se passe :

Sur la ligne des abscisses oX, nous porterons des longueurs qui représenteront des temps; oA représentera par exemple, la durée d'une seule oscillation (1/2 période); à chaque instant, les ordonnées représenteront l'intensité du courant. L'intensité étant considérée comme positive ou négative suivant que le courant se propage dans un sens ou dans un autre, la courbe indiquera encore les changements de sens du courant par sa situation au-dessus ou au-dessous de la ligne des abscisses. La courbe de la figure 2 représente ainsi les variations d'intensité du courant qui se produit à la décharge d'une bouteille de Leyde. Il est clair que pour représenter entièrement le phénomène d'une seule décharge il faudrait dessiner quelques millions de boucles. L'étude mathématique de ce courant montre que la hauteur de chaque boucle, c'est-à-dire l'intensité du courant à chaque oscillation, décroît suivant une certaine loi (en progression géométrique) ; ces

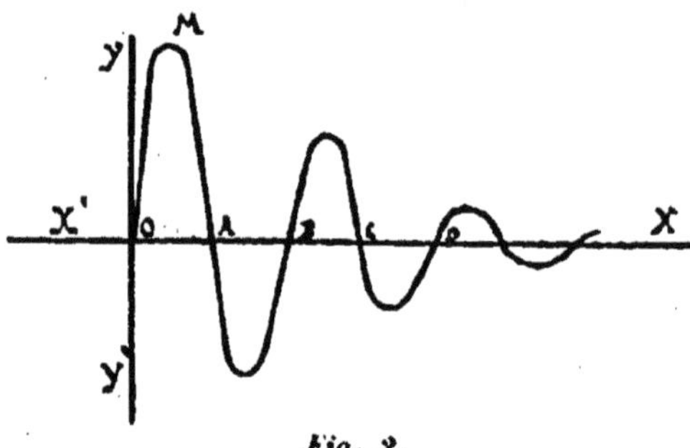

Fig. 2.

oscillations, comme celles du pendule, sont isochrones, ce que l'on marque en prenant les distances oA, AB, BC, toutes égales entre elles.

Nous pouvons ajouter maintenant, que ce phénomène de la décharge oscillante ne se produit que si les conditions de l'expérience sont telles que l'on ait :

$$\frac{R}{2} < \sqrt{\frac{l}{C}}$$

où R désigne la résistance électrique du système ; C, sa capacité électrique ; l, le coefficient de self-induction. Les bouteilles de Leyde des laboratoires, comme celles des cabinets d'électro-thérapie, remplissent presque toujours ces conditions, sans qu'on ait rien fait pour cela, et quand on les emploiera dans certaines conditions, on pourra produire des phénomènes inattendus, dus à la production de ces oscillations électriques. Nous y reviendrons quand nous connaîtrons mieux ces oscillations.

Mais poussons plus loin notre comparaison du diapason. Quand cet instrument vibre il épuise sa force vive de deux façons : 1° il se produit des frottements qui échauffent légèrement le diapason ; 2° nous entendons un son : c'est que l'air est mis en mouvement, il a emprunté sa force vive au diapason. Une partie de la force vive de cet instrument s'est donc dissipée « par une sorte de rayonnement extérieur ».

De même l'énergie des oscillations électriques se perd de deux manières :

1° Il y a production de chaleur : le courant, pour vaincre la résistance du fil (analogue au frottement), échauffe le fil dans lequel il se produit. Mais il se produit aussi quelque chose d'analogue au son. Là encore, une portion de l'énergie dépensée rayonne à l'extérieur comme dans le cas du diapason ; et l'on peut démontrer l'existence de ce mouvement vibratoire électrique analogue au son, en faisant avec lui des expériences calquées sur celles qui montrent en acoustique l'existence des nœuds, des ventres, des interférences, etc.

En effet, si l'on place dans le voisinage d'un diapason en vibration un second diapason identique au premier (accordé à l'unisson avec lui), celui-ci se mettra à vibrer. De même si nous produisons d'une façon continue nos oscillations électriques, certains appareils placés dans le voisinage seront le siège de phénomènes électriques caractérisés par l'apparition d'étincelles, sans qu'il y ait aucun lien entre ces appareils « résonnateurs » et la source des oscillations électriques.

Si on déplace le diapason résonnateur dans l'espace, on constate qu'il vibre fortement à certains endroits, et qu'il reste muet un peu plus loin. L'endroit où il n'y a pas de vibration est un « nœud »; le point où le son est le plus fort, où les vibrations sont maximum, est un « ventre ». Et ceci permet de mesurer la longueur d'onde qui est la distance à laquelle le mouvement vibratoire s'est propagé, pendant un espace de temps égal à une période. (La longueur d'onde se trouve égale au double de la distance comprise entre deux nœuds.)

Ces phénomènes se reproduisent encore en électricité. Le « résonnatenr électrique », déplacé dans l'espace, montrera qu'il y a des points où les phénomènes électriques sont nuls (pas d'étincelle dans le résonnateur). Ce point s'appellera aussi un nœud.

En d'autres points de l'espace les étincelles de l'appareil ont une longueur maximum, ici encore ces points seront des ventres.

Pratiquement le résonnateur électrique est un simple cerceau de cuivre. Ce cerceau a une coupure de quelques millimètres; une vis micrométrique permet de faire varier les dimensions de la coupure, et permet, par suite, de mesurer les dimensions de l étincelle qui jaillit entre les deux extrémités du cercle coupé. C'est le résonnateur primitif de Hertz. On peut faire varier beaucoup la forme de cet appareil. Ainsi le résonnateur de Turpain n'est autre chose qu'un résonnateur de Hertz dans lequel indépendamment de l'interruption où se produit l'étincelle, on a pratiqué une coupure de quelques centimètres, le réduisant ainsi à deux arcs de cercle placés l'un près de l'autre. C'est une sorte de condensateur, où un arc métallique joue le rôle d'une armature de la bouteille de Leyde; l'air est l'isolant, l'autre arc forme l'autre armature. Et on conçoit que deux arcs métalliques quelconques, et même deux corps métalliques quelconques puissent être le siège de phénomènes de résonnance électrique. Nous aurons plus tard à rappeler ces phénomènes.

Un des résonnateurs les plus sensibles est le tube de Branly, basé sur un principe tout différent. Cet appareil, appelé encore *cohéreur de Branly*, se compose d'un simple tube de verre plein de limaille de fer. A chacune des deux extrémités, un fil conducteur pénètre dans le tube et vient au contact de la limaille de fer. Chacun de ces fils conducteurs est mis en relation avec l'un des pôles d'une pile quelconque. Normalement le courant de la pile est arrêté par le tube à limaille. Un galvanomètre n'indique aucune déviation. Vient-on à produire les oscillations électriques dont nous avons parlé, le courant passera. Il y a là un moyen simple et très sensible pour révéler l'existence des oscillations électriques. Dès qu'on viendra à les produire, comme il est de toute évidence qu'elles se propagent en tous sens et théoriquement à des distances indéfinies, le tube à limaille accusera l'existence de ces oscillations. C'est le principe de la télégraphie sans fil.

La portion de l'espace dans laquelle se propagent ces ondes électriques est « un champ hertzien ». Champ, car c'est en réalité un champ électrique; hertzien, en souvenir du physicien de Bonn, qui, le premier, fit connaître ces phénomènes.

Quand on donne naissance à ces oscillations électriques, on produit donc dans l'espace environnant, des radiations électro-magnétiques. Ces radiations, qui se propagent ainsi comme le son se propage dans l'air, sont capables d'agir sur le tube de Branly, sur un « résonnateur électrique » quelconque. Mais elles sont aussi capables de rendre lumineux un tube de Geissler. Si les appareils sont puissants, des étincelles pourront jaillir entre deux corps métalliques voisins quelconques : robinets et conduites à gaz, les clefs que l'expérimentateur peut avoir dans sa poche.

L'étude de ces radiations électriques a été poussée très loin. En particulier, on a étudié le mode de propagation de ces oscillations dans un fil conducteur — Deux plaques métalliques rectangulaires sont placées devant les plaques de l'excitateur de Hertz. Ces plaques représentent l'armature externe de nos bouteilles de Leyde, les plaques de l'excitateur de Hertz représentant l'armature interne. A chaque plaque, analogue aux armatures externes, on relie un fil conducteur de plusieurs mètres de long que l'on tend horizontalement. Un résonnateur de Hertz déplacé le long de ce fil donne des étincelles qui varient en moyenne de 6^{mm} (ventre) à $0^{mm}08$ (nœud) (expériences de Turpain). Si l'on éloigne le résonnateur, l'étincelle est bien plus petite et n'a guère plus d'un millimètre au premier ventre. — Il semble que les forces électriques soient groupées autour du fil, ce que l'on exprime en disant que le champ hertzien est concentré par le fil.

Les quelques faits que nous venons de rapporter suffiront pour caractériser un champ hertzien et pour montrer qu'on ne produit pas autre chose quand on applique la méthode thérapeutique désormais appelée « la franklinisation hertzienne ».

III. — Pourquoi le nom de franklinisation hertzienne

Depuis 1881, J.-B.-William Morton emploie dans sa clinique de New-York le dispositif que nous avons décrit plus haut (page 8). La chose est clairement indiquée dans plusieurs articles publiés par lui et parus dans le *Medical Record*. Duchenne de Boulogne et un auteur du XVIIe siècle l'auraient même précédé dans l'application de cette méthode thérapeutique. En réalité, l'image que l'on trouve à la page 44 du livre de Duchenne de Boulogne (édition de 1872) ne représente pas du tout le dispositif de la franklinisation hertzienne.

Il y a une bouteille de Leyde, le malade n'est pas isolé et on n'emploie qu'une électrode. Qu'il se produise là des phénomènes ressemblant à ceux de la franklinisation hertzienne la chose est probable. Mais il n'y a pas identité, au moins dans le dispositif extérieur.

Quant au livre de George Adam, nous n'avons pu nous le procurer. Morton reste donc le père de la méthode.

En France, MM. S. Leduc (de Nantes), Bordier (de

(Lyon) et Weil (de Paris) sont les seuls médecins connus de nous qui aient étudié cette méthode.

Des procédés analogues ont été mis en usage, sous des noms très différents. Et ici la confusion devient extrême.

Nous croyons cependant pouvoir dire que : courant statique induit (Weil, Morton), courant de Morton, courant ondulatoire, le flux statique induit, le courant alternatif ondulatoire, la franklinisation oscillante, the Leyden-Jar currents, ne sont que des noms différents qu'on peut appliquer à la même chose : la franklinisation hertzienne.

Il est d'autant plus difficile de reconnaître ces procédés aux noms si divers, qu'ils sont le plus souvent très incomplètement décrits. Pourtant une méthode nouvelle existe, qui a donné d'assez beaux succès pour mériter droit de cité en électrothérapie. Il fallait s'entendre pour donner un nom et un seul à ce mode d'électrisation. M. le professeur Bordier a proposé celui de « franklinisation hertzienne ». Il nous parait particulièrement heureux.

On sait déjà pourquoi le mot « franklinisation a été choisi,et le lecteur devine sans doute, l'explication du qualificatif « hertzienne ». Si l'on considère, en effet, le dispositif employé pour la franklinisation hertzienne, il est bien facile de voir que tout y est arrangé pour donner naissance à un champ hertzien.

Une machine statique portant à chaque collecteur une bouteille de Leyde, une série d'étincelles jaillissant aux boules polaires (voir figure 1), il n'en faut pas plus pour produire un champ hertzien. La seule analyse physique de ce qui se passe quand l'appareil est en marche permet de l'affirmer. La bouteille de Leyde, continuellement alimentée par la machine, donne sans cesse naissance aux oscillations électriques que le lecteur connaît déjà. Une démonstration est inutile, il suffit de savoir et de regarder.

Et cependant, on peut lire dans la thèse de Dauly que ces courants ne sont pas des courants de haute fréquence, mais seulement des courants de haute tension. Il en donne pour raison que la contraction musculaire obtenue avec eux est identique à la contraction musculaire obtenue avec la bobine de Ruhmkorf. Il constate dans les deux cas un même effet produit, et il conclut à l'identité de la cause. Le premier effet de contraction (obtenu par la bobine de Ruhmkorf) n'est pas dû à un courant de haute fréquence; donc le second, qui lui est identique, n'est pas dû non plus à un pareil courant. Et cette façon de raisonner est, pour cet auteur, si précise et si sûre, qu'il conclut à la page 42 de la façon suivante:

« Ces courants obtenus à l'aide des machines statiques permettent d'obtenir..... tous les phénomènes de luminosité obtenus par Nikolas Tesla. Il en résulte que ces phénomènes de luminosité sont dus à la haute tension et nullement à la fréquence des alternances. »

— C'est d'une bonne logique; puisqu'il est établi (pour l'auteur) que la haute fréquence n'existe pas, l'effet extraordinaire obtenu doit être dû à la haute tension.

Il nous paraît certain qu'on a tiré d'expériences bien faites et de grand intérêt des conclusions erronées. La contraction musculaire est la même avec les courants statiques induits et avec les courants ordinaires d'induction, cela résulte des expériences de M. Dauly et de Leduc. Mais cela ne permet pas de conclure que l'on n'a pas affaire ici à des courants de haute fréquence. Cela aurait pu permettre à M. Dauly, de dire, que la contraction musculaire est la même avec les courants induits et avec les courants alternatifs extraordinaires, qu'il obtenait avec les machines statiques; et cela peut permettre à d'autres de conclure: La contraction musculaire est la même avec les courants induits ordinaires et avec les courants de haute fréquence.

Et s'il nous fallait encore quelque preuve pour montrer que, dans la franklinisation hertzienne, on produit un champ hertzien, c'est dans la thèse de Dauly que nous irions les chercher.

Dans ce travail, en effet, la franklinisation est nettement définie; elle y porte le nom très modeste de courants alternatifs ou courants de Morton et on y peut lire les expériences suivantes dues au professeur Leduc (de Nantes).

« Si l'on approche un tube de Tesla du conducteur libre, il s'éclaire à une grande distance.....

« Une ampoule de lampe electrique suspendue au conducteur libre devient lumineuse et sa luminosité s'accroît lorsqu'on la touche.....

« Il est avantageux d'isoler les sujets... Dans ces conditions on obtient sans électrodes, sans conducteur et sans contact, par induction directe dans le corps humain, l'excitation électrique des nerfs sensitifs et moteurs et la production d'étincelles entre les sujets en expérience. »

Dauly cite encore l'expérience suivante, pour laquelle il faut préparer une grenouille, comme si l'on voulait étudier la contraction musculaire. La grenouille est sur une planchette, le nerf sciatique est à nu et soulevé par un crochet métallique spécial, le tendon du muscle gastrocnémien est relié à un style qui inscrira ses déplacements sur un cylindre enregistreur. On installe grenouille et myographe loin de la machine, à plusieurs mètres, sans que rien relie machine et grenouille. Puis, « l'observateur étant placé entre la machine et la grenouille, s'il approche la main de l'animal, comme pour le montrer de l'index, dès à une distance qui peut atteindre jusqu'à un mètre, les muscles entrent en contraction ; si l'on approche et si l'on éloigne la main, tous ces mouvements sont inscrits sur le myographe par la patte galvanoscopique. »

De telles expériences ne peuvent évidemment laisser aucun doute sur la nature de l'énergie électrique qu'elles mettent en jeu. On a reconnu toutes les expériences qui caractérisent les champs hertziens : des étincelles éclatent entre deux sujets en expérience, comme elles éclatent entre deux clefs qu'on a dans sa poche ; le tube de Tesla s'illumine comme s'illuminait le tube de Geissler, et la grenouille se contracte, par l'excitation des forces électriques, créant le champ hertzien que le bras concentre et dirige vers la grenouille.

Les accidents que l'on observe parfois, en faisant de la franklinisation hertzienne, s'expliquent fort bien par la notion de champ hertzien, et sont une nouvelle preuve de l'existence de ces oscillations électriques dont nous avons parlé.

Dans un tel champ électrique, une étincelle peut jaillir entre deux corps métalliques voisins quelconques (p. 18). Or, dans un laboratoire ou dans un cabinet d'électrothérapie, il y a presque toujours le courant d'une canalisation urbaine qui, arrivant à 110 volts, est utilisé suivant les besoins.

Un défaut peut exister dans l'isolement des fils qui amènent ce courant; la gaine isolante peut être rompue, éraillée, sur les deux fils au même niveau. On aura alors deux parties métalliques à nu et assez rapprochées l'une de l'autre. Or le champ hertzien est concentré par le patient, le sol, les murs; et dans leur voisinage, des phénomènes de résonnance électrique pourront se produire, comme ils se produisaient le long des deux fils qui concentraient le champ hertzien dans les expériences de Turpain. Une étincelle pourra jaillir entre ces deux parties métalliques dénudées. Mais cette étincelle jouera le rôle de corps conducteur, et réunissant les deux fils, elle fermera le circuit : il se produira un « court-circuit. »

Or de tels accidents ont été observés.

De la même manière, il peut se produire une véritable explosion, ayant pour siège l'interrupteur d'une lampe à incandescence, comme cela a été constaté plusieurs fois par M. le professeur Bordier.

L'interrupteur est mis en pièces, le plomb de la canalisation est fondu et le moteur s'arrête. Là encore deux portions des fils amenant le courant se trouvaient à nu, et il s'est produit entre elles une étincelle, par le phénomène de la résonnance électrique, comme dans le cas précédent.

De pareils accidents peuvent entraîner de gros dangers. Mais, en général, ils ne se produiront pas si l'on éloigne d'environ 1 centimètre tous les corps conducteurs dans lesquels passe un courant. (Turpain, en effet, dans ses expériences n'a pas obtenu d'étincelles ayant plus de 8 à 9 millimètres.)

CHAPITRE II

Action physiologique de la franklinisation hertzienne

L'action physiologique de la franklinisation hertzienne est encore incomplètement connue. Cependant quelques expériences sur les animaux ont été faites, nous allons les rapporter avec les données qu'elles ont permis d'établir. Puis, profitant des applications cliniques de la franklinisation hertzienne, nous en tirerons quelques notions sur son action physiologique sur l'organisme humain.

I. — Expériences sur les animaux

Sensibilité. — Évidemment difficilement appréciable. (voir Expériences cliniques).

MOTRICITÉ

a) *Contraction musculaire*. — La franklinisation hertzienne est un excitant des nerfs moteurs. Nous avons déjà parlé des expériences de Dauly et de Leduc. Ces auteurs ont montré que la franklinisation hertzienne produit la contraction musculaire comme le « choc » d'une bobine d'induction. Le tracé est le même dans les deux cas. Nous ferons remarquer que, pour une seule étincelle jaillissant entre les boules polaires de la machine, on fait agir sur le muscle un courant, interrompu quelques millions de fois ; on obtient cependant une seule contraction, représentée par un tracé identique à celui d'une secousse musculaire, telle que celle que l'on obtient en excitant le muscle par un choc. Il n'y a pas de tétanos; et pour le produire, il faudrait que l'on ait au moins trente étincelles par seconde aux boules polaires de la machine. Comme, en électrothérapie, on règle sa machine à six ou huit étincelles par seconde, on n'obtiendra jamais dans ce cas la tétanisation, mais seulement une suite de contractions fatiguant peu le muscle en traitement. Nous ajouterons seulement que la fibre musculaire est directement excitable : en effet, après avoir curarisé une grenouille, on peut obtenir des contractions musculaires, en la soumettant à l'action de la franklinisation hertzienne.

b) *Phénomènes vaso-moteurs.* — Localement, les phénomènes diffèrent suivant que l'électrode est directement appliquée contre la peau, ou en est séparée de quelques millimètres. Dans le deuxième cas, les phénomènes sont plus intenses : on observe de la rougeur, les poils se hérissent, il y a sudation très marquée.

c) *Action sur les divers organes.* — Les recherches de M. le professeur agrégé Bordier ont porté sur l'estomac et le rectum. (*Arch. d'Electr.* 1900).

1° *Estomac*. — Il s'agissait de rechercher les variations de volume éprouvées par l'estomac, sous l'influence de la franklinisation hertzienne. Le dispositif employé fut celui du professeur Morat. Une vessie fut introduite dans l'estomac et après avoir été convenablement gonflée fut mise en rapport avec un tambour de Marey. Les choses étant ainsi disposées, si des modifications venaient à se produire dans le volume de l'estomac, la pression augmentait dans le système clos formé par la vessie et le tambour de Marey, et la variation de pression s'inscrivait sur un cylindre enregistreur. Pour donner plus de sûreté et de sensibilité à l'inscription, on avait placé une sorte de relai entre la vessie et le tambour ; c'est-à-dire qu'on avait introduit dans un flacon à deux tubulures un petit ballon de caoutchouc à parois souples, le ballon était relié à la vessie par un tube en caoutchouc. Le flacon communiquait par l'autre tubulure avec le tambour de Marey. On comprend alors ce qui doit se passer : toute variation de pression, du gaz contenu dans la vessie, vient modifier le volume de l'air du ballon ; cette variation de volume, se traduit par une augmentation de pression dans l'air du flacon, et cette variation de pression est enregistrée par le tambour de Marey.

Ce dispositif expérimental étant installé, la vessie, légèrement vaselinée, est introduite dans l'estomac d'un chien, un ouvre-gueule spécial empêche l'animal de mordre le tube de laiton qui communique avec la vessie. On gonfle ensuite cette vessie, et on s'assure de son développement en appliquant la main sur la région épigastrique du chien. L'excitateur est alors placé sur cette région, mais un peu à gauche de la ligne médiane.

On met en marche la machine statique, en réglant les étincelles polaires à quatre ou cinq par seconde.

Dans ces conditions, un mouvement du tambour de Marey se produit chaque fois qu'une étincelle donne naissance aux vibrations hertziennes, comme on peut le voir sur les graphiques figure 3.

Sous l'influence de la franklinisation hertzienne, l'estomac éprouve des variations de volume : c'est un premier point acquis.

M. le Prof. Bordier s'est alors demandé si les variations de volume de l'estomac, ainsi enregistrées, ne seraient pas plus ou moins grandes, suivant que l'excitateur serait relié avec la bouteille de Leyde accrochée au pôle positif, ou la bouteille accrochée au pole négatif.

Fig. 3. — Excitation de l'estomac à travers les parois abdominales.
A + : Excitation positive : excitateur relié à la bouteille de Leyde du pôle —.
A — : Excitation négative : excitateur relié à la bouteille de Leyde du pôle +.

Des expériences ont été faites en appliquant la boule de l'excitateur toujours au même point, mais en mettant cet excitateur en relation, tantôt avec l'armature externe de la bouteille de Leyde pendue au pôle positif (l'armature externe est alors négative), tantôt avec l'armature externe de la bouteille fixée au pôle négatif de la machine (l'armature externe est alors positive). Il suffit de jeter les yeux sur le graphique figure 3 pour voir que l'excitation négative (celle venant de la bouteille pendue au pôle) est prépondérante.

La hauteur des oscillations du style est, en effet, dans ce cas, nettement plus grande.

La prépondérance de l'excitation négative, qui existe avec les courants galvaniques, existe donc encore dans le cas de la franklinisation hertzienne appliquée sur la région gastrique.

Pour obtenir les plus énergiques variations de volume de l'estomac d'un malade, il faudra donc avoir soin de relier l'excitateur à l'armature externe de la bouteille de Leyde suspendue au collecteur *positif*, l'armature de l'autre bouteille étant en communication avec le sol.

Nous verrons que des auteurs même très compétents négligent ce détail.

2° *Rectum*. — On a employé un procédé analogue à celui qui a servi pour l'estomac. On introduit dans le rectum d'un chien un petit ballon de caoutchouc fixé à l'extrémité d'un tube de laiton. Le ballon a été poussé à 12 centimètres du sphincter externe, puis gonflé d'air ; le tube de laiton a été alors relié par un tube de caoutchouc directement au tambour de Marey.

Mais ici deux procédés ont été employés, car les excitations sur le rectum peuvent être faites directement ou indirectement.

Pour produire des excitations directes, on met l'excitateur en contact avec le tube de laiton qui communique avec le ballonnet de caoutchouc : ce tube peut alors jouer le rôle d'excitateur.

Veut-on produire des excitations indirectes, la boule de l'excitateur est appliquée dans la fosse iliaque gauche, comme on le fera sur les malades dont on soignera la constipation.

A. *Excitation indirecte.* — La boule de l'excitateur étant appliquée dans la fosse iliaque gauche, on met la machine en marche, après avoir relié l'excitateur à la bouteille de Leyde du pôle +.

Fig. 4. — Rectum. Excitation indirecte. Électrose reliée à la bouteille de Leyde du pôle +.

A chaque étincelle, le style du tambour indiquait, par son mouvement, que le ballon subissait une augmentation de pression. Le graphique figure 4 montre les déplacements et l'on peut y suivre le mouvement d'élévation suivi d'un mouvement de descente plus lent.

Fig. 5. — Indirect rectum. Rectum. Excitation indirecte. Electrose reliée à la bouteille de Leyde du pôle —.

La chaîne de l'excitateur est ensuite mise en communication avec l'armature externe de la bouteille de Leyde du pôle — : on obtient encore, sur la courbe tracée par le style, des ondulations répondant à chaque étincelle de la machine. Mais dans ce cas (fig. 5), les ordonnées des ondulations inscrites sont moins grandes que dans le cas précédent où l'on avait employé l'excitation négative.

D'où l'on peut conclure que, dans le traitement de la constipation par excitations indirectes, comme dans le traitement des dyspepsies atoniques, il convient de mettre toujours l'excitateur en relation avec la bouteille du pôle positif.

B. *Excitation directe.* — La boule de l'excitateur étant mise en contact avec le tube de laiton introduit dans le rectum, on enregistre les variations de volume subies par le petit ballon. On a soin, là encore, d'étudier séparément l'excitation négative et l'excitation positive. La courbe que l'on obtient est en tout comparable à celle des figures 4 et 5.

Comme dans le cas de l'excitation indirecte (laquelle se fait à travers la paroi abdominale), la contraction de l'organe est plus forte quand on met l'excitateur en relation avec la bouteille de Leyde du pôle positif (excitation négative)

Mais dans ce cas d'excitation directe portée sur la muqueuse rectale, quelles que soient les relations de l'excitateur (avec la bouteille du pôle + ou avec celle du pôle —) on obtient toujours une contraction plus forte que celle que l'on obtiendrait par excitation indirecte, en donnant à l'excitateur les mêmes relations. C'est-à-dire que, si l'on opère toujours en employant le condensateur du pôle positif, l'excitation directe est plus forte que l'indirecte; et il en est de même quand on emploie le condensateur du pôle négatif: l'excitation directe est encore la plus forte,

Avec l'excitation directe, on obtiendrait donc des tracés analogues à ceux des graphiques 4 et 5. Mais, dans ce cas l'excitation étant plus forte, les crochets seraient plus élevés, à angles plus aigus.

« Comment expliquer les variations de volume décelées par l'enregistrement? Tout simplement par la contraction des muscles à fibres striées, provoquée par la franklinisation hertzienne. Sous l'influence de celle-ci, l'excitation portée sur l'estomac arrive à plusieurs muscles, et, en particulier, au grand droit de l'abdomen, au grand oblique, au diaphragme, etc.

« Au moment où ces muscles entrent en contraction énergique, par suite de leur raccourcissement brusque, ils exercent une secousse sur l'estomac, et cette secousse, cette sorte de massage, sera d'autant plus violente que l'estomac aura un plus grand volume. Or, c'est bien le cas des dilatés à qui l'on applique la franklinisation hertzienne. »

II. — EXPÉRIENCES CLINIQUES

§ I. — *Sensibilité.*

Ces expériences sur la sensibilité se rapportent toutes aux effets produits par l'excitation négative (électrode reliée au condensateur du pôle +).

a) *L'excitateur est mis en contact immédiat avec la peau.* — On éprouve une forte sensation de piqûre au moment du contact. Mais la sensation éprouvée varie avec le point d'application. Dans certaines régions sensibles la douleur peut être forte (à l'extrémité des doigts, au voisinage des nerfs sensitifs importants) ; ailleurs, la sensation peut être à peu près nulle ; le patient a seulement conscience des contractions musculaires qui se produisent en lui. Là où il y a d'importants et de nombreux cordons nerveux (région carotidienne), les contractions musculaires ne sont pas douloureuses par elles-mêmes, mais les nerfs voisins étant excités, les contractions s'accompagnent de phénomènes douloureux.

b) *Si l'excitateur n'est pas en contact immédiat avec la peau*, une multitude de petites étincelles se produit entre cet excitateur et la peau dont on l'approche. On éprouve alors une sensation de piqûre profonde et cuisante. Ceci se produit quand on électrise un malade par ce procédé sans lui faire enlever sa chemise : les étincelles éclatent à travers celle-ci ; avec une machine puissante, la douleur est très vive et par certains malades difficilement supportée.

c) La franklinisation hertzienne permet de localiser les excitations avec une extrême précision, on peut dessiner sur la peau le territoire innervé par le filet nerveux excité. Un incident rapporté par Leduc est significatif : « Un professeur, fort versé dans la pratique du laboratoire mais peu au courant de l'anatomie, s'amusait à vérifier sur lui-même l'exactitude de ce qui venait d'être dit. Il déplaçait l'électrode sur le nerf médian. Il suivait avec une satisfaction évidente, sur la paume de la main, les déplacements successifs du fourmillement révélateur, quand il s'écria tout à coup que, malgré tous ses efforts, il ne sentait jamais rien au côté interne de l'annulaire et à l'auriculaire. L'expérience lui rappelait la véritable innervation de ces deux doigts. »

« Cependant un déplacement de l'électrode de moins d'un millimètre suffit pour faire disparaître toute sensation » (Leduc).

MOTILITÉ

La franklinisation hertzienne est un excitant énergique de la contraction musculaire, et les contractions qu'elle produit ne sont pas douloureuses, bien que très énergiques ; aussi les malades supportent-ils facilement cette méthode thérapeutique.

Ici encore, comme chez l'animal, l'effet obtenu varie suivant que l'on emploie l'excitation positive ou négative. C'est ce qui est nettement établi par l'expérience suivante (inédite) de M. le professeur Bordier.

Expérience. — Un sujet place sa main sur le bord d'une table, les doigts débordant celle-ci, la paume appuyée sur le bois. Un fil est attaché à la phalange unguéale de l'auriculaire, son autre extrémité est fixée au crochet d'un tambour de Marey. Celui-ci est placé du côté du pouce, et le fil, pour le rejoindre, passe sur les trois autres doigts de la main.

Dans ces conditions, la main étant à plat, les doigts réunis les uns contre les autres, si l'on vient à exciter le muscle adducteur du petit doigt, celui-ci s'écartera de l'annulaire, tirera sur le fil, et, par suite, fera mouvoir le levier du tambour sur le cylindre enregistreur. On a ainsi obtenu le graphique de la figure 6.

La ligne supérieure a été obtenue en reliant l'excitateur à la bouteille de Leyde du pôle négatif, et la ligne inférieure, en le reliant à la bouteille du pôle positif. Il est visible que *l'excitation négative est bien plus forte que l'excitation positive*, il suffit de comparer les deux tracés faits dans des conditions identiques, sur le même sujet, en ne changeant rien dans les deux expériences successives que les connexions de l'excitateur à boule.

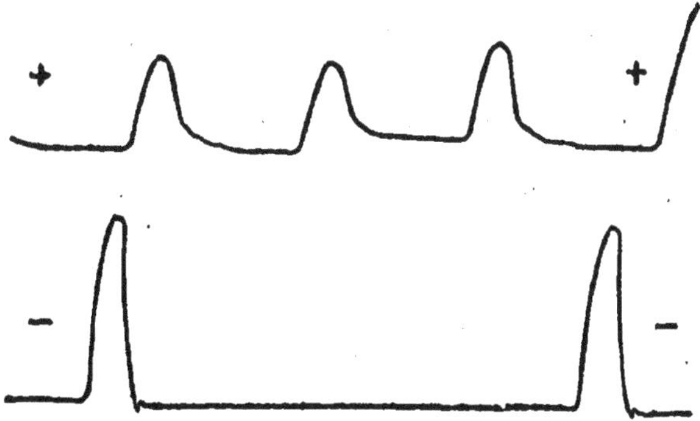

Fig. 6. — Excitation de l'adducteur du petit doigt, homme, sujet sain.

Il était intéressant de rechercher l'action de la franklinisation hertzienne sur des muscles malades.

M. le professeur Bordier a conservé le dispositif de l'expérience précédente. Le sujet avait de l'atrophie des muscles de l'éminence hypothénar ; ces muscles présentaient la réaction de dégénérescence. On a opéré exactement comme dans le cas d'un sujet sain. La figure 7 donne le tracé obtenu. En comparant les figures 6 et 7, on verra que la contraction musculaire d'un muscle dégénéré est plus faible que celle d'un muscle sain. On verra aussi que là encore l'excitation négative est la plus forte. (Comparer les deux tracés de la figure.) Si donc on emploie la franklinisation hertzienne pour traiter les atrophies musculaires, il conviendra de relier l'électrode à la bouteille de Leyde du pôle positif, afin d'obtenir une action plus énergique.

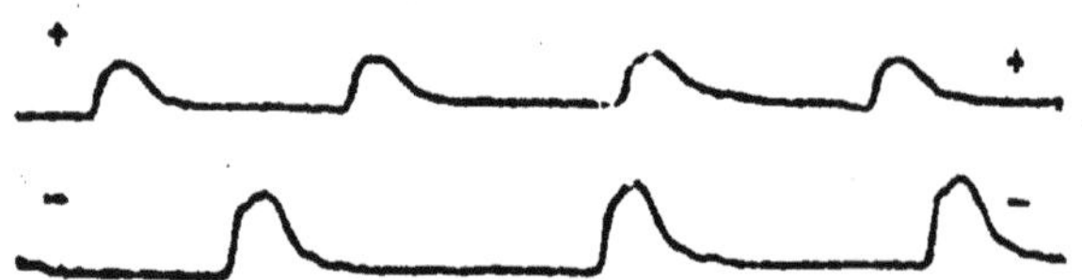

Fig. 7. — Muscle atrophié, donnant réaction de dégénérescence. Excitation de l'adducteur du petit doigt.

Action sur les divers organes et appareils.

Glandes. — Les glandes sudoripares sont fortement excitées : le corps se couvre de sueur.

Circulation. — La fréquence des battements du cœur et la tension artérielle se trouvent diminuées.

Le volume du pouls est augmenté (Morton).

Dans les expériences de Dauly le nombre des pulsations tombait de 100 à 90 par minute.

Respiration. — Le nombre des mouvements respiratoires est diminué dans de faibles proportions (Dauly).

Action générale. — Les oxydations et les échanges sont activés.

La température du corps est augmentée.

Après un bain d'une demi-heure, la température peut s'élever de 1/2 degré et même 1 degré (Dauly).

De plus « les courants de haute fréquence semblent posséder un pouvoir illimité de pénétration dans le corps humain. Lorsque la machine statique est mise en mouvement et qu'une étincelle jaillit, chaque molécule d'éther de la chambre entre en mouvement, la même vibration s'effectue dans notre propre corps. D'après les idées modernes que l'on se fait sur l'électricité, l'énergie électrique, qui produit ce qu'on appelle courant, existe autour du fil et non à l'intérieur du fil, en sorte que l'influence est ressentie dans le milieu ambiant. Si le corps qui reçoit l'énergie électrique n'est pas conducteur, ces mêmes vibrations de l'éther, en frappant ce corps, qui est un diélectrique (1), le font entrer en vibration. Ces courants périodiques sont conduits par les parties conductrices et non conductrices de notre corps, et, dans le langage technique de notre époque, on dit que les diélectriques sont « transparents » pour les courants périodiques » (Leduc).

Il y a là tout le secret de l'action profonde de ces courants. Un corps non conducteur était pour les anciens un corps purement inerte, s'opposant au passage de l'électricité. Depuis Feddersen et Maxwell les idées ont changé. Il y a des phénomènes électriques localisés dans les diélectriques, et ces phénomènes sont des courants. Les diélectriques opposent à l'électricité, non pas une résistance plus grande que celle des corps conducteurs, mais une résistance d'une autre nature (Poincaré) ; et il arrive que les courants de haute fréquence sont capables de surmonter cette résistance de nature particulière. Il ne faut donc pas s'étonner de l'action profonde de la franklinisation hertzienne. Par cette action profonde, les échanges chimiques peuvent être modifiés. Dans le rhuma-

(1) Un diélectrique est un corps non conducteur.

tisme articulaire chronique, le traitement diminue la quantité d'acide urique et augmente l'urée. Beaucoup de malades augmentent de poids (Hay). Une application trop prolongée produirait une sensation de fatigue (Morton).

Action locale. — Indépendamment des phénomènes subjectifs (douleur) dont nous avons déjà parlé, l'application des courants hertziens provoque sur la peau d'abord une tache blanche qui rougit bientôt fortement, formant comme une large auréole autour du point d'application. Les muscles redresseurs des poils entrent en contraction, et la région électrisée prend l'aspect de la « chair de poule ».

Même après une application prolongée (dix minutes au même point), on n'observe pas de phénomènes de mortification des tissus.

On n'a jamais observé d'eschares.

Maintenant que nous connaissons l'action physiologique des courants hertziens, il nous reste à dire comment on les applique, et quel bénéfice on peut obtenir de leur emploi.

CHAPITRE III

Action thérapeutique.

I. — APPAREIL INSTRUMENTAL

Le matériel dont il faut disposer, pour faire de la franklinisation hertzienne, comprend :

1° Une machine statique ;

2° Deux condensateurs, genre bouteille de Leyde ;

3° Des chaînes métalliques ;

4° Des électrodes.

Machines statiques. — On emploiera une machine dont le débit sera aussi grand que possible ; telle qu'une machine de Wimshurst ou Bonetti. Mais il faut que cette machine soit capable de donner de belles étincelles (15 centimètres au minimum).

Il est à peu près indispensable d'actionner sa machine statique au moyen d'une dynamo. Le mieux est d'avoir une grande machine Bonetti à cylindres concentriques ; une dynamo actionnée par le courant de la canalisation urbaine la mettra en marche.

Il ne nous appartient pas d'insister davantage sur un pareil choix; nous ajouterons seulement qu'une machine faible ne donne que des effets thérapeutiques à peu près nuls.

Condensateurs. — Ils sont tous bons pourvu que leur capacité soit suffisante. L'action produite augmente, en effet, avec la capacité des condensateurs. Il y a donc intérêt à prendre ceux-ci aussi grands que possible. Cependant il faut tenir compte du débit de la machine et ne pas mettre sur une machine fournissant de petites quantités d'électricité des condensateurs de capacité trop grande. On arriverait bien à les charger, mais il faudrait du temps, et l'on n'obtiendrait que des décharges se suivant à intervalles relativement éloignés.

En pratique, il sera bon de pouvoir disposer de plusieurs modèles de condensateurs, mais on devra veiller à ce que, même avec le plus « capace », il y ait encore, entre les pôles de la machine, cinq ou six étincelles par seconde.

Chaînes métalliques. — Elles seront d'un modèle quelconque à maillons arrondis. Elles n'ont d'autre but que de mettre les armatures externes des bouteilles de Leyde en communication avec le sol, ou avec une électrode.

Électrodes. — On n'emploiera guère que la boule métallique sphérique et la pointe (fig. 1). En réalité toute électrode peut servir. Nous ferons seulement remarquer que celles recouvertes d'un tissu quelconque n'assurent pas un contact immédiat de l'électrode avec la peau; elles seront donc douloureuses, à moins que le tissu recouvrant l'électrode ne soit rendu parfaitement conducteur.

Dans certains cas particuliers on doit employer des appareils spéciaux. Ainsi Weil a fait construire une électrode spéciale utilisable pour le col de l'utérus.

Pour faire agir ces courants sur le col de la vessie, on emploie une électrode en forme de sonde.

Dans des cas de constipation particulièrement rebelle, il y a avantage à se servir de l'excitateur rectal de M. le professeur Bordier.

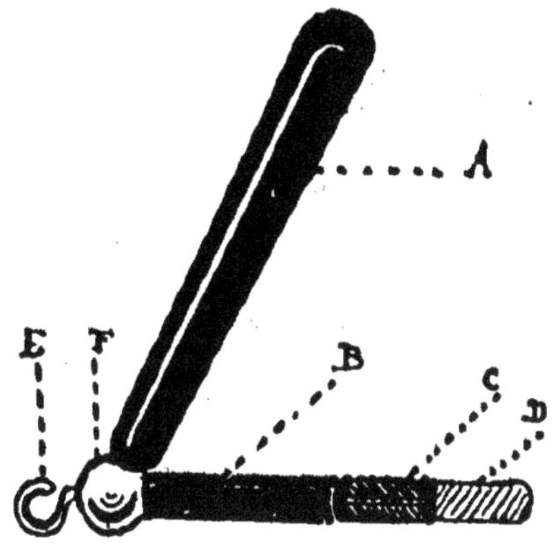

Fig. 8.

Excitateur rectal de M. le professeur Bordier.

A, manche isolant (ébonite) ; *B*, gaine isolante en ébonite entourant : *C*, tige métallique réunissant sphère *F* et embout *D* ; *D*, embout métallique ; *E*, crochet métallique servant à mettre l'instrument en communication avec la machine.

Cet instrument permet de faire agir directement les ondes électriques sur la muqueuse rectale. M. le professeur Bordier en donne la description suivante :

« C'est une électrode métallique, arrondie à son extrémité, et recouverte d'une substance isolante sur la partie qui sera au niveau du sphincter.

« Cet excitateur se compose d'une tige de laiton *C*, entourée d'une gaine d'ébonite (corps isolant) *B* et terminée par un bout entièrement métallique *D*, de forme cylindro-sphérique.

« A son autre extrémité, cette tige est fixée sur une boule métallique *F* à laquelle correspond un manche en ébonite *A* permettant au malade de tenir lui-même l'excitateur.

« La boule métallique porte en outre un crochet *E* qui sert à attacher la chaîne qui vient de l'armature externe de la bouteille de Leyde.

« Le bout métallique a un centimètre de diamètre et s'introduit facilement si on a soin de l'enduire de vaseline.

« On doit relier l'excitateur à l'armature externe de la bouteille de Leyde suspendue au pôle positif de la machine, si l'on veut obtenir les excitations les plus énergiques. »

Graduation. — La plupart des médecins qui ont appliqué en électrothérapie les courants hertziens se sont beaucoup préoccupés de la graduation de ces courants.

Le problème est difficile, l'adjonction d'appareils compliqués ajoute encore à la complexité des phénomènes physiques que l'on produit dans la franklinisation hertzienne. Si bien que quand on se sert de ces appareils, il devient impossible de définir, d'une façon rigoureuse, ce qui se passe, au point de vue physique, dans les instruments que l'on a en main.

Nous citerons les appareils de Margaret Cleaves, Truchot, Weil, Marie et Cluzet.

Tous ces appareils ont été décrits dans les *Archives d'électricité médicale*, nous y renvoyons le lecteur.

Nous pouvons cependant dire ici que Truchot et Marie et Cluzet, pour régler le courant oscillant, font varier la capacité des condensateurs qu'ils emploient.

Le condensateur de Truchot est formé de deux longs tubes de verre couverts d'une lame d'étain et glissant l'un dans l'autre. La capacité du système varie suivant que l'on enfonce plus ou moins le cylindre intérieur. Tel qu'il a été construit, cet appareil est d'une capacité trop faible. D'autre part ces tubes cassent spontanément sous l'influence des moindres variations atmosphériques.

Marie et Cluzet, qui ont signalé ces inconvénients, ont employé des condensateurs formés de deux cylindres d'ébonite glissant l'un dans l'autre. A l'intérieur du cylindre interne, est l'armature interne ; à l'extérieur du cylindre externe, est l'armature externe. Le principe est le même que dans le cas précédent, mais les dimensions sont meilleures et l'appareil est moins fragile.

Margaret Cleawes interpose une résistance variable sur le conducteur qui amène le courant de la bouteille de Leyde à l'électrode.

Weil relie la bouteille de Leyde à un disque à pointes. En face de ce disque, il place une cloche recouverte de papier d'étain. Il utilise l'énergie électrique qui prend naissance par induction dans l'appareil formé par la cloche de verre recouverte de papier d'étain. Cette cloche peut être plus ou moins rapprochée ou éloignée du disque à pointes ; on conçoit très facilement qu'on puisse ainsi régler la force du courant que l'on emploie.

Nous ferons remarquer que cet appareil est peu économique, car on produit toujours la même quantité d'électricité, même quand on en emploie très peu. De plus, il nous paraît difficile de définir au point de vue physique l'énergie électrique que l'on emploie (ce qui, nous l'avouons, n'est pas un obstacle thérapeutique).

Le plus simple, actuellement, est d'avoir plusieurs séries de condensateurs (trois grandeurs différentes suffisent) et de les utiliser suivant les cas.

II. — Mode d'application des courants hertziens

— Il y a de nombreux procédés électro-thérapiques où l'on donne naissance à un champ hertzien.

L'*electrostatic wave current* de Snow, les courants de Tesla, le courant électro-statique de Morton sont des modalités électriques qui donnent, sans doute, naissance à des phénomènes hertziens.

Mais on ne fera véritablement de la franklinisation hertzienne que quand on se conformera, sans rien y changer, au procédé décrit sous ce nom page 8. A cette condition, peu nombreux sont les auteurs qui utilisent couramment cette méthode. Morton (de New-York) s'est servi de ce procédé thérapeutique dès 1881. Cela est clairement indiqué dans plusieurs articles publiés par lui dans le *Medical Record*. Depuis, de nombreuses observations de malades soumis à ce traitement électrique ont été publiées par cet auteur.

Le Dr Regnier s'est bien occupé de la question, mais il faut ajouter que le procédé qu'il emploie n'est pas celui décrit plus haut. Dans les dyspepsies il opère de la façon suivante :

Il emploie une machine de Wimshurst « dont les condensateurs sont reliés par leurs armatures externes, d'une part à un solénoïde et au tabouret isolant sur lequel est placé le malade ; d'autre part, à une électrode de Boudet (de Paris), munie d'une vis micrométrique qui permet de graduer la longueur des étincelles ». Il applique l'électrode « au niveau du creux épigastrique... près des vertèbres, au niveau du cardia, etc. ». Il fait précéder cette application d'un bain statique.

Weil, au contraire, emploie exactement le procédé dont nous nous occupons. Il appelle courant statique induit ce que nous appelons « franklinisation hertzienne » et il dit : « Le courant statique induit est le courant qui se produit dans un circuit très résistant, reliant les armatures externes de deux condensateurs suspendus aux pôles d'une machine statique, alors qu'une série d'étincelles éclate entre les deux conducteurs reliés à leur armature interne.

« On pourrait intercaler le patient dans une chaîne reliant les électrodes, ce serait trop violent... On relie la chaîne de l'armature externe de l'un des condensateurs avec le sol, l'autre armature externe sert d'électrode active... L'effluve du courant positif n'est pas très important. Chaque pointe d'un disque à effluver, placée au voisinage des téguments, est le sommet d'un petit cône bleu formé de minces aigrettes et de petite longueur. Si la chaîne, qui relie l'électrode à l'armature externe du condensateur, n'est pas recouverte d'un isolant, elle paraît formée de maillons de feu. L'effluve du courant négatif est, au contraire, d'une grande beauté. De la même électrode à effluver, reliée à la chaîne et dirigée vers le sujet, s'échappe avec bruit un effluve violet extrêmement puissant, formé d'aigrettes longues et divergentes ; aigrettes très touffues, tel un véritable bouquet. « La chaîne émet de beaux effluves serrés, de plusieurs centimètres de largeur, en tous sens. Les étincelles produites entre les téguments et les chaînes des condensateurs sont aussi différentes suivant la polarité de la chaîne mise au sol. Avec un disque à pointe communiquant avec le condensateur pendu au pôle —, on obtient des étincelles fines facilement supportables, à une distance de quelques centimètres, effluves. En employant le condensateur du pôle +, on a de vives étincelles douloureuses et des contractions musculaires insupportables. »

« On peut conclure que l'étincelle tirée de la chaîne positive est bien plus douloureuse que celle tirée de la chaîne négative. »

Weil en déduit qu'il y a avantage à relier l'électrode à l'armature externe de la bouteille de Leyde suspendue au pôle négatif.

Nous avons vu ailleurs que, d'après les expériences de M. le professeur Bordier, il y a, au contraire, avantage à employer une électrode reliée à la bouteille du pôle +. L'effet lumineux est moins beau et la douleur plus grande, mais l'action est plus énergique : les tracés le montrent clairement.

Weil ajoute que « la haute tension du courant est fonction de la rotation des plateaux, de la longueur de l'étincelle, de la capacité du condensateur ».

Leduc parle d'une autre façon d'employer les courants hertziens, mais il ne parle pas des propriétés thérapeutiques du mode d'électrisation qu'il signale :

« On attache une chaîne à une conduite d'eau, l'autre extrémité de cette chaîne est fixée à l'électrode, et celle-ci est parcourue par des courants alternatifs induits d'autant plus intenses qu'on est plus rapproché des conducteurs de la machine. » Il est évident que cela se passe dans le voisinage d'une machine produisant des ondes hertziennes. Nous ne connaissons aucune observation de malade traité par cette méthode.

Leduc décrit encore « le champ magnétique oscillant ». « La chaîne de l'une des armatures externes est attachée au tabouret à pied de verre, l'autre armature communique avec un conducteur suspendu au-dessus de la tête du sujet. Si entre les excitateurs les étincelles sont continues, la sensation est à peu près nulle ; mais dès que l'étincelle devient intermittente on éprouve une sensation nettement perceptible, difficile à définir. Si la tête est près du conducteur il se produit une aigrette. Plus près encore, des étincelles jaillissent. »

Monell (de New-York) emploie des courants qu'il appelle *Leyden Jar Currents* ou courants des bouteilles de Leyde.

« Une paire de bouteilles de Leyde, d'une des trois dimensions assorties à la machine, est choisie et placée en relation avec les conducteurs. Les deux pôles sont amenés au contact. Les deux fils conducteurs sont fixés aux bornes des bouteilles de Leyde, et leurs extrémités libres sont attachées à n'importe quelle espèce d'électrode employée avec des courants à interruption... pour la préparation des électrodes, pour le traitement des malades, et la manipulation des bouteilles, tout se fait comme avec les courants faradiques. On n'emploie pas de tabouret, il n'y a pas d'isolant. » (Traduit de l'anglais.) On voit que cela se rapproche beaucoup de la franklinisation hertzienne à laquelle nous arrivons, après avoir fait connaître les dispositifs analogues employés par divers auteurs.

La franklinisation hertzienne. — On sait déjà (voir fig. 1) comment on dispose les appareils dans cette nouvelle méthode : on utilise une machine statique; une bouteille de Leyde est pendue à chacun de ses collecteurs; une chaîne relie avec le sol l'armature externe de la bouteille du collecteur négatif. Cette chaîne traînera sur le sol ou sera accrochée au bâti de fonte qui porte la machine; une autre chaîne relie à l'électrode l'armature externe de l'autre bouteille; cette chaîne qui va à l'excitateur à boule ne doit toucher à rien. Le sujet sera commodément assis sur un siège quelconque à dossier. L'électrode sera mise en contact direct avec la peau. Le malade peut la maintenir en place en la prenant par le manche isolant. Dans le cas (d'ailleurs le plus fréquent) où on applique cette méthode à un dyspeptique ou un constipé, on procède de la façon suivante :

L'excitateur à boule sera placé d'abord pendant cinq ou dix minutes au creux épigastrique en appuyant très légèrement pour que la densité soit plus grande. En effet, si on appuie fortement la boule métallique contre les téguments, elle se mettra en contact avec eux suivant une grande surface; et comme la quantité d'électricité qui, de la boule, s'écoule dans l'organisme est la même, quand la surface de contact est large et quand elle est petite, dans ce dernier cas, toute l'électricité qui pénétrera à travers les téguments sera concentrée sur un petit espace, la surface de contact; sur cette surface, on dira que la densité est grande.

Cette électrisation du creux épigastrique est, en général, fort bien supportée; ce qui n'étonne pas quand on sait que les contractions musculaires provoquées par la franklinisation hertzienne ne sont pas douloureuses.

On passera ensuite à l'électrisation de la fosse iliaque. On portera d'abord la boule métallique à 4 centimètres à gauche et 4 centimètres au-dessous de l'ombilic; puis, cinq minutes après environ, à deux travers de doigt en dedans de l'épine iliaque antérieure et supérieure et un peu au-dessous de cette épine et enfin dans les flancs, en un point situé à 4 centimètres environ de l'épine iliaque postérieure et supérieure.

On finira en promenant rapidement l'excitateur à boule sur le creux épigastrique et l'hypogastre; on aura soin cette fois d'interposer la chemise entre l'excitateur et les téguments. Il se produit alors une multitude d'étincelles; c'est la seule partie douloureuse du traitement.

Les séances auront lieu tous les deux jours; elles seront d'une durée de quinze minutes, en moyenne; on peut les faire suivre d'un bain statique de dix minutes accompagné de souffle.

Ce traitement peut produire, surtout chez des névropathes, une excitation très intense. Il faut alors, non l'interrompre, mais espacer les séances et les abréger au besoin.

Dans certains cas particuliers on pourra modifier cette façon d'opérer. Ainsi, si on veut employer l'excitateur rectal, on pourra encore laisser le malade assis dans un fauteuil, le corps fortement rejeté en arrière ; il pourra maintenir lui-même l'excitateur rectal quand on l'aura mis en place.

La sensation n'est nullement douloureuse ; on éprouve un sentiment de choc sourd, sans pincement ni chaleur. En faisant des séances d'une dizaine de minutes on arrive à d'excellents résultats dans le traitement de la constipation par atonie intestinale.

Pour le traitement des lupus, on emploiera des électrodes à pointes, qui feront jaillir une multitude d'étincelles de la surface ulcérée, quand elles en seront éloignées d'une certaine distance. On peut encore employer la boule métallique, que l'on promène sur la plaie, préalablement recouverte d'une lame de gaze aseptique. D'une façon générale, la position à donner au malade est celle qui est le plus commode à la fois, pour lui et pour l'opérateur.

Toutes ces considérations ne concernent que le malade; nous ajouterons un conseil de Weil sur le fonctionnement des appareils.

« Une machine statique donne son courant statique induit maximum quand les boules polaires ont la distance limite qui, avec la vitesse maximum des plateaux, donne un flux ininterrompu d'étincelles; avec une machine statique à quatre plateaux de 45 centimètres, j'obtiens le courant le plus puissant, en donnant à l'étincelle polaire une longueur de 20 à 22 centimètres, et en imprimant aux plateaux une vitesse de 700 à 800 tours à la minute. »

III. — OBSERVATIONS

Avant de faire connaître les résultats thérapeutiques de la franklinisation hertzienne, nous publierons quelques observations de malades traités par cette méthode. Certaines de ces observations, communiquées par M. le professeur Bordier, ont été établies avec les quelques notes qu'un médecin peut prendre sur les malades de sa clientèle, et se trouvent réduites à un résumé parfois très court; elles n'en sont pas moins significatives.

Nous grouperons tous ces documents dans l'ordre suivant :

A. — *Atonies. — Dyspepsie. — Constipation.*

B. — *Incontinence d'urine.*

C. — *Dermatoses.*

A. — ATONIES. — DYSPEPSIES. — CONSTIPATION

OBSERVATION I (inédite)

Due à l'obligeance de M. le professeur BORDIER.

Cette observation et les deux suivantes ont été prises par nous dans la première quinzaine de novembre. Les trois malades qui en font l'objet étaient à ce moment à peu près guéris (sauf obs. II).

X..., trente-cinq ans, agriculteur.

Antécédents. — Père et mère vivants et en bonne santé, mais d'un tempérament nerveux et irritable.

Un frère en bonne santé.

Personnellement. — Fièvres éruptives de l'enfance. Rhumes fréquents, surtout l'hiver. Aucune maladie grave. Pas de syphilis, pas d'alcoolisme.

La maladie actuelle a débuté, il y a trois ans par de la tristesse, de l'irritabilité, des cauchemars et des vertiges. Ceux-ci étaient particulièrement intenses à jeun, après un exercice violent, et au moment des grosses chaleurs.

L'appétit était diminué, capricieux, les digestions pénibles et douloureuses. Demi-heure, ou deux heures après les repas, le malade accusait au creux épigastrique une sensation de poids, de pression. Il y avait du pyrosis. La tête était lourde, chaude, et le malade avait pris, de lui-même, l'habitude de se mettre sur le front des compresses d'eau sédative.

Les selles étaient irrégulières et d'odeur particulièrement fétide. Alternance de diarrhée et de constipation. Parfois, mais très rarement, se produisaient des vomissements laissant dans la bouche une sensation de brûlure, mais produisant un véritable soulagement.

A ce moment, le malade consulta le Dr Bouveret qui constata les troubles gastriques dont nous venons de parler. De plus, à l'analyse du suc gastrique on trouva de l'hyperchlorhydrie.

Outre les cauchemars et vertiges déjà mentionnés, le malade avait des insomnies et des érections nocturnes fréquentes et douloureuses. Ces érections extrêmement pénibles survenaient tous les soirs, elles privaient le malade de sommeil et l'obligeaient à se lever pour prendre des bains de siège. Ces érections s'accompagnaient de douleurs lombaires et étaient suivies de pertes séminales qui laissaient après elles une sensation de tristesse et d'abattement.

Il y avait en outre de la céphalalgie, de la congestion de la face, et de violentes palpitations avec sensation de gène et d'étouffement.

Système nerveux. — Irritabilité extrême. Cependant jamais de crises, pas de tremblement, pas de paralysie. Mais le malade ne pouvait marcher dans l'obscurité, ni se tenir droit les yeux fermés. La marche n'était pas désordonnée, mais il y avait « sensation de tapis » et le malade talonnait.

La force musculaire était conservée, les réflexes normaux. Le sens musculaire n'était pas perdu. La sensibilité était complètement abolie au niveau des paupières. Anesthésie de la cornée, rétrécissement très net et très accentué du champ visuel. Réflexe pharyngien aboli. Clou hystérique. Aux membres supérieurs, zones d'anesthésie en manchette. La sensibilité était à peu près normale dans les épaules et dans le dos; affaiblie à la poitrine, aux joues. A l'abdomen, zones d'anesthésie en plaques irrégulières.

Le malade ajoute qu'une plaie légère du tégument externe (telle que celles qu'on peut se faire en se rasant) ne saignait jamais. X... fit une saison à Vichy. Il y fut soumis à un régime sévère et ses troubles gastriques furent très améliorés; mais les troubles nerveux gardèrent toute leur intensité (été 1898). A l'entrée de l'hiver, tous ces phénomènes s'apaisent pour reparaître avec la même intensité l'été suivant, à la suite de surmenage physique.

Le malade fit une nouvelle saison à Vichy et en retira le même bénéfice que l'année précédente. L'hiver suivant, les troubles disparaissent encore pour revenir avec l'été. Le malade commence alors un traitement électrique. A ce moment son état était le même qu'à l'été 1899. Tous les signes subjectifs existaient: troubles gastriques, érections nocturnes. Seuls les signes objectifs (rétrécissements du champ visuel, réflexes, anesthésie, etc.) n'ont pas été recherchés. On ne sait donc pas s'ils existaient à ce moment.

Ce malade fut soumis à la franklinisation hertzienne. On fit d'abord trois à quatre séances de quinze minutes par semaine; chacune était suivie d'un bain statique.

Le mieux se fit sentir dès les premières semaines du traitement.

Quand nous voyons le malade (octobre 1901), l'état général

est excellent, la figure est mobile, agitée, les mouvements brusques et raides. Tristesse, irritabilité, vertiges, cauchemars ont disparu.

Il n'y a plus de douleurs après les repas (cependant le malade surveille encore son régime). Constipation disparue. Plus de pyrosis. Les érections persistent encore, mais elles ont beaucoup perdu de leur fréquence et de leur intensité. Le malade peut marcher les yeux fermés. Pas de sensation de tapis, pas de talonnement. Sensibilité normale partout et en particulier aux paupières. Anesthésie cornéenne persiste. Pas de rétrécissement du champ visuel.

Rien au cœur, ni à l'appareil respiratoire.

OBSERVATION II (inédite)

Due à l'obligeance de M. le professeur Bordier.

Demoiselle X..., cinquante et un ans, professeur de français.

X... appartient à une famille neuro-arthritique. Mère rhumatisante et nerveuse, morte à un âge avancé de tumeur abdominale. Père très nerveux, mort très âgé.

Un frère mort d'une maladie de poitrine ayant duré plusieurs années.

Antécédents personnels. — La malade a toujours été d'une santé délicate. Fièvres éruptives de l'enfance. Réglée à onze ans, sans souffrance et régulièrement. Vers dix-sept à dix-huit ans, chloro-anémie longtemps soignée par le fer. A cet âge, la malade est atteinte d'une affection gastro-intestinale sans fièvre, qui dure un mois et guérit complètement. A partir de ce moment, la santé fut bonne, malgré une vie active et un assez gros travail, à la fois physique et intellectuel.

Il y a dix ans, la malade commença à ressentir les premiers symptômes de l'affection actuelle. C'était une douleur qu'elle comparait à « un poids » et qu'elle ressentait au niveau du creux épigastrique. Il n'y eut à ce moment aucune affection aiguë fébrile, mais de la dépression morale, des soucis, des chagrins. La malade fut soumise à un régime sévère et prit des alcalins; elle n'en retira que fort peu de soulagement : les digestions demeurèrent pénibles et les souffrances fréquentes. Pendant ces dix années, il y eut des alternances de diarrhée et de constipation. Rien aux autres appareils.

Actuellement, cette même sensation « de poids » persiste encore après le repas, elle se montre le plus souvent presque immédiatement après l'ingestion des aliments. La viande et le pain donneraient les phénomènes les plus douloureux. Pas de pyrosis, pas de renvois, pas de douleur « en broche ». Les phénomènes douloureux, quoique presque constants, ne suivent pas fatalement tous les repas; la glace prise après le repas soulage la malade. L'appétit n'est pas troublé.

La malade n'a jamais eu de vomissements, de quelque nature que ce soit; jamais d'hématémèse.

Depuis un an, la malade souffrait en outre d'une constipation opiniâtre. Elle ne pouvait avoir de garde-robe qu'à l'aide de purgatifs (eau de Villacabras). Le 17 octobre, elle commença un traitement électrique — franklinisation hertzienne. — A la troisième séance, la constipation disparaît pour ne plus reparaître. Le traitement est continué, il donne encore une amélioration de l'état gastrique.

Deux mois après, la constipation n'a pas reparu. La malade va régulièrement à la selle.

OBSERVATION III (inédite).

Due à l'obligeance de M. le professeur Bordier.

X..., trente-cinq ans, cultivateur.

Père en bonne santé.

Mère atteinte d'une paralysie, survenue lentement et déjà ancienne.

Deux sœurs en bonne santé.

Personnellement, pas de maladie dans l'enfance, bonne santé habituelle.

Au régiment le malade prend la grippe.

Il y a quatre ans, il fut atteint d'une fluxion de poitrine qui dura sept mois avant de disparaître complètement.

Les premiers symptômes de l'affection actuelle remontent au mois de mai 1901. A cette époque, le malade fut obligé, pour aller au marché, de faire une course très longue (soixante kilomètres). Il fut très fatigué, mais ne fut pas obligé de s'aliter. Il éprouvait une sensation de faiblesse générale, atteignant surtout les jambes qui, au dire du malade, « ne pouvaient plus le porter ». A ce moment les digestions étaient pénibles, l'appétit très diminué. Peu à peu tous ces phénomènes s'accentuent ; au bout de trois semaines on note de la diarrhée.

Le malade a deux ou trois selles par jour.

Cet état persiste plusieurs semaines. Des douleurs de tête surviennent. On appelle un médecin qui ordonne des purgatifs.

Au bout d'un mois (août), la diarrhée cesse et fait place à la constipation. Le malade croit souvent être entouré de brouillards.

Selles très irrégulières et rares ; scyballes mêlées de glaires. L'état général va s'aggravant. Amaigrissement notable. La perte de poids en trois mois est de 6 kilogrammes. Appétit très diminué et capricieux. De plus, environ deux ou trois heures après chaque repas, douleurs violentes au creux épigastrique ; c'est une sensation comparable à une crampe, à une pression intense. Ces douleurs se produisent surtout la nuit.

Pyrosis

Constipation opiniâtre. Le malade reste six à huit jours sans aller à la selle et c'est avec peine que lavements et purgatifs arrivent à provoquer l'évacuation de quelques scyballes.

Le malade est alors soumis au traitement électrique. Franklinisation hertzienne, procédé habituel. Bain statique.

L'amélioration est progressive, mais rapide.

Dès les premières séances la constipation disparaît.

Lorsque nous avons examiné le malade, les douleurs gastriques persistaient mais étaient très atténuées. L'appétit était revenu. Selles régulières. Plus de brouillards, les forces reviennent. État général est bon. Langue bonne.

Rien aux autres appareils.

OBSERVATION IV (inédite).

Communiquée par M. le professeur Bordier.

Mme. B..., trente huit ans.

Mariée depuis deux ans avec un veuf à qui le professeur Ollier avait pratiqué l'amputation de la verge. Irritabilité extrême. Idées tristes. Grand état d'excitation. Désirs sexuels violents et inassouvis. Depuis plus d'un an constipation opiniâtre. Troubles gastriques, douleurs après les repas. Insomnies.

Le traitement est commencé le 15 février 1899. Franklinisation hertzienne au creux épigastrique et à la fosse iliaque. Séance tous les deux jours.

20 mars. — Les digestions sont plus faciles. Elle reprend la vie commune. Les nuits sont meilleures Son mari peut lui parler (ce qui avant lui était insupportable).

Le traitement est interrompu. L'estomac se trouve à un doigt au-dessus de l'ombilic.

5 janvier 1900. — Les séances de franklinisation sont reprises parce que les digestions deviennent difficiles. La constipation est très marquée. Le malade va difficilement à la selle, même avec lavement.

On fait une séance tous les deux jours. Quand on arrête le traitement le 27 avril, la constipation a disparu. Les digestions sont plus faciles et non douloureuses. L'estomac se trouve à deux doigts au-dessus de l'ombilic.

Vie conjugale bien supportée. La malade se résigne à renoncer à la vie sexuelle.

OBSERVATION V (inédite).

Communiquée par M. le professeur Bordier.

Demoiselle M..., vingt-deux ans.

4 janvier 1899. — Nerveuse, pleure facilement, sans motifs. Un interrogatoire serré ne permet pas de retrouver la cause de ces larmes.

Constipation opiniâtre.

Troubles gastriques. Douleurs après les repas. Renvois.

Estomac dilaté à un doigt au-dessous de l'ombilic.

Douleur vive à la nuque.

Franklinisation hertzienne et bain statique avec souffle sur la nuque.

Le mieux se dessine rapidement et s'accentue peu à peu. La malade devient plus gaie, pleure moins, dort bien. Douleur à la nuque disparaît. L'estomac est remonté à trois doigts au-dessus de l'ombilic. La malade est gaie, n'a plus des idées tristes; le traitement est arrêté.

OBSERVATION [illegible] inédite).

Communiquée par M. le p[illegible]esseur Bordier.

Dame G..., neurasthénique, asthénie musculaire, affaissement moral, tristesse, crises de désespoir. Ne peut voir personne, dort à peine une heure ou deux, traîne la jambe en marchant.

Dilatation d'estomac ; il descend à deux doigts au-dessous de l'ombilic, mais ici l'ombilic est à 12 centimètres du rebord des fausses côtes. Constipation opiniâtre.

Franklinisation hertzienne et bain statique. Le traitement est commencé le 9 février 1899.

Le 10 mars, l'estomac est à un doigt au-dessus de l'ombilic. (La percussion de l'estomac a été faite à la même heure le 9 février et le 10 mars.) Les forces sont plus grandes, le moral se relève. Plus de constipation.

Le sommeil revient. Pendant quinze jours pas de traitement, l'amélioration continue.

La malade est gaie, reçoit des visites.

Le 1er mai on arrête le traitement, l'estomac est à un doigt au-dessus de l'ombilic. La malade va à la selle régulièrement.

OBSERVATION VII

Demoiselle L... vingt et un ans. Neurasthénie. Vertiges. Céphalée. Mauvais appétit. Digestions douloureuses et difficiles.

Estomac dilaté s'arrêtant à l'ombilic. (Distance de l'ombilic aux côtes = 8 centimètres.) Constipation. Le traitement est commencé le 28 avril 1899. Franklinisation hertzienne. Bain statique.

Le 2 juin on arrête le traitement. La constipation a disparu. L'estomac est remonté à deux doigts au-dessus de l'ombilic. Plus de troubles gastriques ni de phénomènes nerveux. Guérison.

B. — Incontinence d'urine.

Observation VIII (résumée).

Dr Bordier. *Arch. Électr. Méd.* 1896.

G... vingt-deux ans, manœuvre incorporé au 96e de ligne. — Pas de maladie antérieure. Un frère âgé de sept ans urine au lit toutes les nuits.

Maladie actuelle. — L'incontinence de G... date de l'enfance ; il dit avoir toujours uriné au lit.

A sept ans on essaie divers moyens pour guérir cette affection. Rien ne réussit.

L'incontinence nocturne s'accompagnait de pollakiurie diurne.

Au régiment, on le fait coucher au poste, et on le réveille toutes les deux heures. Malgré cette précaution il a, dans la nuit, plusieurs mictions qui souillent son lit.

L'examen somatique du malade ne fait rien constater de spécial. Pas de troubles nerveux d'aucune sorte.

On essaie le traitement électrique de Stevenson pendant huit jours. Insuccès.

Le traitement de Guyon est aussi employé pendant huit jours. Nouvel insuccès.

Le Dr Bordier pense alors à employer la franklinisation hertzienne. Le traitement est commencé le 23 décembre 1895.

On introduisait l'électrode employée dans la méthode de Guyon et on la reliait à l'armature externe de la bouteille de Leyde du pôle +. Chaque séance durait cinq minutes.

Le 27. — Le malade va mieux. Pollakiurie diminue.

Le 28. — Gr., réveillé toutes les deux heures, a passé la nuit sans souiller son lit. C'est la première fois de sa vie qu'il n'a pas eu de miction involontaire.

Une amygdalite fait interrompre le traitement jusqu'au 4 janvier. A partir de ce jour, on fait deux séances quotidiennes.

Le 6 janvier. — Pas de miction involontaire pendant la nuit.

Le 7 janvier. — Pas de miction nocturne involontaire. Le malade peut résister davantage au besoin d'uriner.

A partir du 13 janvier, une séance par jour. L'amélioration continue. Le 16, on le fait coucher à l'infirmerie où on ne le réveillera pas. Le 17, il est tout heureux de voir qu'il n'a pas souillé ses draps ; il s'est levé trois fois, spontanément. Le 19, le traitement n'a pas été appliqué depuis deux jours. Le résultat se maintient. Il n'est pas réformé ; il rentre à sa compagnie. Guérison.

OBSERVATION IX (résumée).

CAPRIATI, Naples, 1898.

M... S..., trente-cinq ans, cordonnier. — Début il y a sept ou huit ans. Douleur au genou gauche, d'abord continuelle, puis disparaissant par degré. A mesure que la douleur s'affaiblissait, le membre s'affaiblissait aussi, les masses musculaires devenaient plus minces et les mouvements plus hésitants. Constipation. Rachialgie. Faiblesse sexuelle, besoins fréquents d'uriner. Émissions involontaires d'urine pendant la nuit qui affectent beaucoup le malade. Dans les premiers temps, cette incontinence se montrait après des excès alcooliques, plus tard, elle devint habituelle.

M... est de solide constitution ; sauf l'atonie intestinale et l'incontinence d'urine, toutes les fonctions organiques s'exécutent bien.

Rien aux urines. Sensibilité normale. Seul, le sens génital est particulièrement affecté.

Réflexe rotulien très exagéré à gauche. Clonus du pied surtout marqué à gauche.

Les autres réflexes sont normaux.

M... marche avec peine et en boitant. Il se tient droit, les pieds joints et les yeux fermés.

A gauche, la flexion de la jambe sur la cuisse et l'abduction de la cuisse sont limitées.

Les autres mouvements sont normaux.

La force musculaire du membre atrophié est diminuée.

Atrophie très marquée des muscles innervés par le sciatique et l'obturateur.

Circonférence de la cuisse au tiers supérieur à gauche : 365 millimètres ; à droite : 460 millimètres. Différence : 100 millimètres environ.

Dans cette observation « l'incontinence d'urine peut être considérée comme l'expression d'un processus pathologique bien plus grave que ne l'est l'atonie simple du sphincter vésical ».

Le traitement de Stevenson fut essayé.

Au bout de vingt jours, résultat nul.

On essaie le « courant faradique endo-urétral ». Mais après deux séances on l'abandonne, car il est trop douloureux.

Le 18 décembre, on a recours à la franklinisation hertzienne unie à la galvanisation spinale. Le traitement est continué jusqu'au 10 février. Le résultat fut le suivant :

« Disparition presque immédiate du besoin fréquent d'uriner pendant le jour, disparition complète des incontinences nocturnes après les premières applications. Il restait seulement comme symptôme le besoin fréquent d'uriner pendant la nuit, quand le malade buvait un peu plus qu'à l'ordinaire.

« Plusieurs mois se sont passés depuis que la cure a été suspendue, et pendant ce temps j'ai eu plusieurs fois l'occasion de voir M..., jamais depuis lors il n'a eu des incontinences d'urine. »

C. — Dermatoses

OBSERVATION X (résumée).

Weil (de Paris).

Dame C... Strumeuse. Ulcération lupique située en avant du tragus gauche, de la grosseur d'une pièce de 2 francs. Trois autres ulcérations plus petites dans la région parotidienne du même côté.

Du 18 avril au 22 mai, effluvations à peu près quotidiennes. En août la malade est complètement guérie.

OBSERVATION XI (résumée).

Weil (de Paris), *Trib. méd.*, 1900.

M. H..., quarante ans, lupus de la région temporale gauche.

Dimension : 5 francs. Traitement du 12 février au 1er mai. Vu la sensibilité de la région, on applique de fines étincelles. En deux mois et demi, toute la lésion s'affaisse. Six mois après, la guérison s'était maintenue.

OBSERVATION XII (résumée).

Dr Weil (de Paris).

M. S..., dix-huit ans, lupus tuberculeux de la fesse. Traité depuis un an.

Début à l'âge de onze ans. Après divers traitements, séjour de six mois à Saint-Louis. On emploie : emplâtres, tuberculine, scarifications, vigo. L'affection résiste à tous ces traitements.

La plaque lupique est allongée, atteint 7 cent. 1/2 dans sa plus grande dimension, 2 cent. 1/2 dans la plus petite.

Du 23 mai au 1er septembre, séances à peu près quotidiennes. Après chaque séance, réaction inflammatoire. Repos. La partie supérieure est guérie. On reprend traitement.

A la fin de l'année la guérison est complète.

IV. — Résultats thérapeutiques

Nous ne prétendons point juger ici d'une façon complète et définitive l'action thérapeutique de la franklinisation hertzienne. Mais il nous a paru intéressant, et, peut-être utile, de grouper en un court chapitre les quelques considérations que peuvent faire naître la lecture et le rapprochement des observations que nous venons de publier.

Nous ne détruirons pas l'ordre que nous avons déjà établi et ici, encore, nous étudierons :

1° *Les atonies, dyspepsies, constipations;*
2° *L'incontinence d'urine ;*
3° *Les dermatoses.*

Nous ajouterons les résultats obtenus par les auteurs qui ont appliqué cette méthode dans le traitement des névralgies et dans quelques cas de gynécologie.

1° Dyspepsies. — Dans presque toutes nos observations, il y a amélioration des troubles gastriques (observations II, III, IV, etc.): les phénomènes douloureux disparaissent (observations I, III, IV, V).

De plus, sous l'influence de ce traitement, la limite inférieure de l'estomac se déplace ; elle paraît remonter. Ce déplacement, apprécié par la percussion, est très net : il a atteint jusqu'à quatre travers de doigt, environ 8 centimètres.

Dans nos observations, la situation de la limite inférieure de l'estomac a été rapportée à l'ombilic. M. le professeur Bordier nous fit remarquer, à ce propos, combien est variable, suivant les sujets, la distance de l'ombilic aux côtes. Sur soixante-seize sujets mesurés par nous, nous avons obtenu une moyenne de 10 cent. 3 pour les hommes, et 9 centimètres pour les femmes; avec des variations comprises entre 15 centimètres et 5 cent. 1/2 pour les premiers, entre 16 centimètres et 5 cent. 1/2 pour les dernières.

Avec de pareilles variations individuelles, un estomac dilaté pourra ne pas atteindre l'ombilic, alors qu'un estomac de dimensions normales pourra très bien descendre jusque-là.

Cette ascension de la limite inférieure de l'estomac est signalée dans toutes les observations où la situation de cette ligne a été notée avant et après le traitement. Dans l'observation V, après un mois de traitement, la limite inférieure de l'estomac s'est élevée de quatre doigts; dans l'observation VI, de trois doigts. (Dans cette observation, la limite inférieure de l'estomac a été déterminée aux mêmes heures, et dans les mêmes conditions, avant et après le traitement.) Dans l'observation VII, l'ascension est évaluée à deux doigts.

C'est environ au bout d'un mois, que cette différence de niveau est nettement accusée; et, à ce moment les phénomènes douloureux ont, le plus souvent, disparu (observations II, IV, V, VII).

D'après Weil, la fonction chimique peut aussi être améliorée par ce traitement; il cite trois cas observés par lui: « Dans ces trois cas, dit-il, avant le traitement, la quantité d'HCl libre et la quantité combinée aux albuminoïdes étaient inférieures à la moyenne; après le traitement, dans deux cas, ces quantités étaient égales à la moyenne, et dans le troisième cas s'en rapprochaient sensiblement. M. Weil ajoute : « J'ai eu deux fois des guérisons symptomatiques complètes qui se sont maintenues depuis plus d'un an; Dans un cas, l'analyse du suc gastrique n'a été faite ni avant, ni après le traitement; dans le second l'analyse chimique décela, avant le traitement, une hypopepsie intense sans fermentations acides; après le traitement, il ne fut fait qu'une seule analyse, mais il en résulta ce fait paradoxal que le liquide analysé était alcalin : cette inversion de la formule a, du reste, été signalée par M. Hayem Il est probable que ce fut très fugace. Quoi qu'il en soit, au moment de l'analyse, le malade ne ressentait plus aucun des phénomènes morbides qui le faisaient souffrir auparavant; le traitement avait dû rétablir dans leur intégrité les fonctions de motricité. Le sixième cas fut un insuccès ; le traitement, dont le malade disait ne retirer aucun bénéfice, fut interrompu à la huitième séance. »

2° La Constipation cède assez facilement à ce traitement. Dans l'observation II, elle disparaissait à la troisième séance, pour ne plus reparaître pendant toute la durée du traitement. Dans les observations I, II, III, IV, VI, VII, on note aussi la disparition de ce symptôme.

Les malades des observations I et III (revus depuis) n'ont pas vu revenir une constipation qui, chez l'un d'eux datait cependant de plusieurs mois.

Presque tous les malades que nous avons groupés sous l'étiquette : *dyspepsie*, sont des névropathes. Pour quelques-uns même, on trouve dans l'observation le mot « neurasthénie » (I, VI, VII). Nous tenons à faire remarquer que souvent l'amélioration a porté, à la fois, sur les fonctions digestives et sur l'état général (Obs. IV, V, VI, VII). Des symptômes franchement neurasthéniques (tristesse, asthénie musculaire, atonie gastro-intestinale, céphalée, vertiges), sont notés comme ayant disparu après le traitement.

Le malade de l'observation I est certainement hystérique. Chez lui, l'appareil digestif a retrouvé un fonctionnement satisfaisant, mais c'est surtout l'état nerveux qui s'est amélioré. Le malade reconnaît le changement survenu dans sa santé, et c'est même, avec une exagération de névropathe qu'il vante le traitement qui l'a soulagé.

Telle est l'action de la franklinisation hertzienne sur les dyspepsies. On peut se demander comment se fait cette action. La question est encore mal connue. Il y a certainement une action mécanique, comme l'a signalé M. le professeur Bordier. La contraction des muscles de l'abdomen produit un véritable massage de l'estomac et de l'intestin situés au dessous, ces muscles entrant en contraction, toutes les fois qu'une étincelle éclate entre les boules de la machine. (Voir page 32).

« En plus de cette excitation mécanique, il y a à tenir compte de la révulsion produite sur la peau par l'excitateur : après une application de quelques minutes, en effet, on voit les régions cutanées, qui ont été recouvertes par la boule de l'excitateur, présenter une coloration franchement rouge. Enfin, il doit y avoir aussi, sur la fibre lisse, une action qui, quoique locale et de peu d'amplitude, n'est pas absolument inefficace dans le résultat final obtenu par la franklinisation hertzienne. »

3° INCONTINENCE D'URINE. — Les bons effets de la franklinisation hertzienne sur l'incontinence d'urine sont évidents dans les deux observations que nous rapportons : dans les deux cas, en effet, on peut dire que la guérison a été obtenue. Claus, qui a employé cette méthode, dit qu'il a toujours obtenu « la guérison, ou au moins, une amélioration ».

Mais, ici encore, on peut se demander comment cette énergie électrique nouvelle a pu produire de pareils effets.

M. le professeur Bordier pense que, dans le cas actuel, on peut s'appuyer sur la théorie de Lewis Jones. Pour ce dernier auteur, l'incontinence nocturne d'urine viendrait de ce que, pendant le sommeil, le cerveau n'exerce plus, sur la moelle lombaire, son action de contrôle de tous les instants. Qu'on rétablisse dans son intégrité, la conductibilité nerveuse, l'incontinence disparaîtra.

C'est justement ce que l'on obtient avec la franklinisation hertzienne : « La forte excitation, produite par elle sur l'urètre et le col de la vessie, finit par rétablir la conductibilité nerveuse, même pendant le sommeil. » (Bordier.)

Mais on peut pousser plus loin l'analyse de ce phénomène, et se demander par quel mécanisme cette conductibilité nerveuse peut être rétablie. Disons d'abord comment elle est interrompue.

D'après le professeur Lépine, l'arrêt de la conductibilité nerveuse tiendrait à une augmentation de la résistance au passage de l'influx nerveux, augmentation de résistance se produisant au niveau des extrémités de deux neurones contigus. Mais comment comprendre cette augmentation brusque de résistance, cet arrêt subit dans un système aussi bon conducteur de l'influx nerveux que l'est une chaîne de neurones? Comment comprendre que deux neurones puissent, sans altération appréciable et sans disjonction des contacts, cesser de transmettre les excitations, et soient ensuite capables de reprendre, avec la même soudaineté, leur rôle de conductibilité nerveuse?

Il faut se rappeler les phénomènes dont nous avons parlé plus haut. Le tube de Branly, plein de limaille de fer, ne laisse pas passer le courant d'une pile; et cependant chaque parcelle de limaille est, en elle-même, un corps bon conducteur. Cette multitude de particules métalliques conductrices forme un tout que le courant d'une pile ne peut traverser (Voir page 17).

L'influx nerveux est comme le fluide électrique; et le système nerveux, comme notre tube à limaille. — « Un neurone se comporte par rapport à la propagation de l'influx nerveux, comme un grain de limaille d'un radioconducteur, par rapport à la propagation du flux électrique. L'influx nerveux passe ou s'arrête dans une chaîne de neurones, comme le fluide électrique passe ou s'arrête dans le tube à limaille.

« On sait que si des ondes hertziennes viennent à influencer notre tube à limaille, le courant passera; des vibrations sonores peuvent produire le même résultat. On peut bien penser que c'est une influence analogue aux vibrations électriques, qui vient briser ou rétablir la conductibilité nerveuse dans un système de neurones.

« L'effet thérapeutique peut donc s'expliquer, non pas par la suggestion, explication facile, mais parce que l'électricité détermine le rétablissement de la contiguïté des neurones ou une modification équivalente à la contiguïté de ces éléments.

« On voit maintenant comment on pourrait s'expliquer l'effet produit par la franklinisation hertzienne dans l'incontinence d'urine, si l'on admet la théorie de Lewis Jones. De la même manière on pourrait se rendre compte de l'action de l'électricité dans d'autres cas de paralysie. Mais nous ne voulons pas sortir de notre sujet, et nous renvoyons le lecteur à l'ouvrage d'où nous avons tiré toutes ces idées nouvelles (*Précis d'électrothérapie*, par H. Bordier, 1902.)

4° Dermatoses. — Les observations de Wei (X, XI, XII) montrent qu'on peut obtenir par ce procédé une amélioration très notable des lupus tuberculeux.

Dans trois cas observés par nous, à l'Antiquaille, nous avons obtenu, au bout de trois semaines, une amélioration appréciable chez deux de nos malades. Dans le troisième cas, l'action du traitement fut à peu près nulle : il s'agissait d'une tuberculose cutanée de la face dorsale du premier métacarpien.

Weil a rapporté à l'Académie de médecine six cas de dermatoses traités par la franklinisation hertzienne. Il y avait : une dermatite iodoformée de l'avant-bras, un acné miliaire des parties latérales du cou, un herpès zoster et deux eczémas, l'un des orteils, l'autre du coude ; tous ces malades furent guéris en sept à huit séances, en moyenne. « Depuis, dit Weil, j'ai traité quatre autres cas : l'un de prurit des bourses chez un homme de soixante ans, l'autre de furonculose limitée et assez légère de la partie postérieure du cou, et enfin deux affections tuberculeuses de la peau. L'une de ces malades, atteinte d'ulcération scrofulo-tuberculeuse du côté gauche du maxillaire supérieur, a été présentée, le 13 mai 1899, à la Société de Médecine, alors qu'elle était presque guérie. Actuellement la guérison est complète La trace de l'affection suppurante du début ne se manifeste plus que par une très légère rougeur ; quarante effluvations, environ, ont déterminé ce résultat. »

L'autre cas est le lupus de la fesse mentionné dans l'observation XII.

Névralgies. — Ici, nous n'avons point d'observation personnelle, mais Morton, de New-York, a traité de nombreux cas de sciatique « par le courant électro-statique » et a retiré de ce traitement de réels avantages.

Il en a publié de nombreuses observations dans le *Médical Record* (année 1900).

Weil, sur quatre cas, a eu un insuccès, chez un forgeron qui, atteint de sciatique, ne voulait, ou ne pouvait, quitter son travail pendant le traitement. Les trois autres malades ont guéri en quatre à huit semaines, grâce à des séances répétées tous les deux jours.

5° Gynécologie. — Weil signale dix sujets soumis par lui à ce traitement ; six cas ont été rapportés à la Société de médecine de Paris; il s'agissait d'un prurit vulvaire, de deux vulvites et vaginites, de trois ectropions du col. « Depuis, dit Weil, j'ai encore traité deux métrites du col avec envahissement de la muqueuse du museau de tanche. De tous ces cas, le plus remarquable est celui d'une dame atteinte, depuis trois ans, de vulvite, vaginite, métrite avec ectropion du col. La vulvite était si intense, au début, que toute exploration vaginale, même avec le doigt, était impossible. Tout autour des caroncules myrtiformes et de l'orifice urétral, tranchant sur la muqueuse, existait une série de taches rouge foncé qui marquaient les orifices des glandes à mucus infectées. « Dès la première séance..., les rougeurs s'atténuèrent, et au bout de cinq séances, la sécrétion vulvaire et l'inflammation disparurent, ne laissant persister qu'une inflammation à l'orifice du canal de l'urètre. « L'intromission du spéculum devint possible, et je pus soumettre le col à une série de fines étincelles et à l'effluvation. En quatre semaines, l'ulcération guérit et la sécrétion se modifia.

Par ces dernières observations, on peut voir que, dans certaines dermatoses, certaines névralgies, et dans quelques affections du domaine de la gynecologie, la franklinisation hertzienne a donné, entre les mains de Weil, des résultats remarquables. Cet auteur, en effet, a noté la guérison dans presque toutes ses observations. Ces faits peuvent faire espérer que cette méthode nouvelle est capable de rendre quelques services dans les cas si divers où elle vient d'être appliquée.

Mais, pour nous, c'est encore dans les dyspepsies et la constipation des névropathes qu'elle parait avoir les effets les plus favorables ; et, il semble, qu'on pourrait résumer l'action thérapeutique de la franklinisation hertzienne, en disant qu'elle est un excitant remarquable de l'atonie musculaire, et un sédatif du système nerveux.

CONCLUSIONS

I. — Dans la franklinisation hertzienne, on utilise la décharge oscillante de condensateurs dont la charge se fait à l'aide d'une machine statique.

II. — Ce dispositif donne naissance à un champ hertzien. Celui-ci est concentré par la chaîne qui va au sol, par le sol lui-même, par la chaîne qui va au patient et par ce dernier.

III. — La preuve de l'existence de ce champ hertzien est faite par un assez grand nombre d'expériences, toutes très démonstratives.

IV. — L'énergie électrique mise en jeu dans la franklinisation hertzienne, exerce sur l'organisme une action puissante, et très différente de celle produite par les autres modalités électriques ; cette énergie électrique est, en particulier, capable d'agir sur les muscles situés profondément.

V. — Les applications thérapeutiques de la franklinisation hertzienne sont nombreuses : on ne peut que regretter que cette méthode soit encore si peu employée.

VI. — La franklinisation hertzienne donne des résultats particulièrement favorables dans tous les cas d'atonie, que cette atonie frappe la musculature du tube digestif ou celle des sphincters.

Sous forme d'étincelles, elle a aussi donné de bons résultats dans le traitement des dermatoses.

VII. — Les observations que nous publions montrent que la franklinisation hertzienne peut donner, dans certaines dyspepsies, des améliorations notables, tellement accentuées parfois, surtout chez les sujets jeunes, qu'on peut alors les considérer comme de véritables guérisons.

C. POIRET.

BIBLIOGRAPHIE

Adams (George). — Essay on electricity (1799, Londres).

Bordier (H.) — Du traitement de l'incontinence d'urine par les courants statiques induits, *Arch. électr. méd.*, 1896, (275).

— La Franklinisation hertzienne, *Arch. électr. méd.*, 1900 (241).

— Recherches expérimentales sur les effets physiologiques de la franklinisation hertzienne, *Arch. électr. méd.*, 15 août 1900.

— Précis d'électrothérapie (2e édit.), Paris, 1902.

Capriati. — Sur l'efficacité des courants de Morton dans le traitement de l'incontinence d'urine, *Arch. électr. méd.*, 1898.

Chatsky. — Rapport sur les bases thérapeutiques de la franklinisation. Congrès de Paris, 1900, in *Archiv. électr. méd.*, août 1900.

Claus. — Les courants de Morton dans le traitement des incontinences d'urine, *Rev. de thérapeutique*, p. 572, 1898.

Cleaves (Margaret). — Franklinic electricity and methods of application, *Internat. med. Mag. New-York*, t. IX, 1900, 85-89.

— Rhéostat pour le courant statique induit, *Arch. électr. méd.* 1895, (p. 103).

Damian. — Thèse de Lyon, 1890.

Dauly. — Thèse de Paris, 1894.

Duchenne de Boulogne. — Édition de 1872, page 44.

Gautier et Larat. — Le courant alternatif ondulatoire. *Revue intern. d'électroth. et de radioth.*, Paris, 1900, 225-227.

Leduc. — Courants alternatifs de haute tension, in *Gazette médicale de Nantes*, 1893.

— Production des courants alternatifs par les machines électrostatiques, *Arch. électr. méd.*, 1893, p. 231.

Marie et Cluzet. — Nouvelle disposition de condensateur permettant de graduer facilement les décharges dans la franklinisation ordinaire et dans la franklinisation hertzienne, *Arch. électr. méd.*, 1900, p. 553.

Marquès. — Courants ondulatoires en gynécologie, thèse de Paris, 1898.

Monell (S.-H.). — Manual of static electricity, in X-ray and therapeutic uses, New-York, 1897.

Morton (Wm.-J.). — Courant statique induit, *Med. Rec. New-York*, t. VII, 746-747.

— Rapide coup d'œil sur les applications médicales de l'électricité, *Arch. électr. méd.*, 1894, p. 369.

— The static induced current and Dr Rockwell, *Med. Rec. New-York*, 1900, t. VII.

— Sciatique, *Rev. intern d'électroth.*, Paris, 1900, X.

— Traitement des névrites et des névralgies du sciatique et du plexus brachial par les courants statiques, *Med. Rec.*, 15 avril 1899.

Poincaré (H.). — La théorie de Maxwell et les oscillations hertziennes (*Collection Scientia*).

Regnier. — Traitement de l'atonie et de la dilatation de l'estomac par le lavage associé à l'électrisation oscillante. *Rev. illustr. de Polytechn. méd.*, 30 nov. 1896.

— Traitement de la dyspepsie nervo-motrice par le flux statique induit. Congrès Boulogne, sept. 1899.

— Traitement des contractures tardives chez les hémiplégiques par la franklinisation oscillante. *Indépend. médicale*, p. 125, 19 avril 1899.

Rockwell. — Static induced current of Dr Morton, *Med. Rec. New-York*, 1900, LVII, p. 396.

ROUXEAU. — Note sur l'emploi en physiologie expérimentale des courants alternatifs de haute tension produits par les machines électrostatiques, *Arch. électr. méd.*, 1895, p. 1.

SNOW. — The application of the electro-static wave current, *Med. Rec.* New-York, 1900.

TRIPIER. — Procédé pratique de graduation des courants franckliniens, *Arch. électr. méd.*, 1894, p. 182.

— Rapport sur les indications générales de la franklinisation. Congrès de Paris, août 1900. In *Arch. Élect. méd.* 1900.

— Essai de terminologie électro-thérapeutique. Congrès de Paris 1900.

— Note sur la franklinisation, *Bull. Soc. franç. d'Électrothérapie.* Paris, 1900, VII, 75-83.

TRUCHOT. — Condensateur à capacité variable, *Arch. électr. méd.*, 1899, p. 333.

TURPAIN. — Recherches expérimentales sur les oscillations électriques, Thèse, sciences, Paris, 1899.

VAN PASCHELE. — Le courant statique induit, in *Prager Medicinische Wochenschrift*, 4 mai 1892. n° 18. Traduit in thèse Dauly, Paris, 1894.

WEIL. — Le courant statique induit. — Applications thérapeutiques, *Tribune médicale*, Paris, 1900.

— Quelques considérations sur le courant statique induit. Radiographie, Paris, 1900, 59-67.

— Rhéostat pour le courant statique induit, *Arch. électr. méd.*, 1899, p. 399.

— Guide pratique d'électrothérapie gynécologique, J.-B. Baillière, Paris, 1900.

— Précis d'électrothérapie (sous presse), F. Alcan, éditeur.

VIZIOLI (de Naples). — Action excitatrice de la franklinisation sur les sécrétions en général et sur la sécrétion lactée en particulier, Congrès de Côme (1-4 octobre 1899).

Lyon. — Imp. A. STORCK et Cie, 8, rue de la Méditerranée.

TABLE DES MATIÈRES

www.ingramcontent.com/pod-product-compliance
Ingram Content Group UK Ltd.
Pitfield, Milton Keynes, MK11 3LW, UK
UKHW020113240726
13926UKWH00011B/1207

9 782016 144572